不锈钢渣的铬稳定化控制

赵　青　刘承军　姜茂发　著

科 学 出 版 社

北　京

内 容 简 介

本书面向冶金行业绿色转型发展要求，针对不锈钢渣中铬赋存物相杂、富集度低等问题，聚焦铬污染源头阻断理论技术前沿，概述不锈钢渣处理工艺及其国内外研究进展，分析不锈钢渣相稳定性和铬赋存行为，着重探讨铬稳定化控制关键难题，在此基础上论述熔渣改质、冷却制度、搅拌处理等对不锈钢渣结晶行为的影响规律及对铬赋存状态的作用机制。

本书可供冶金、化工、资源、环境保护等行业生产、科研、设计、管理人员阅读，亦可供高等院校相关专业师生参考。

图书在版编目（CIP）数据

不锈钢渣的铬稳定化控制 / 赵青，刘承军，姜茂发著. —北京：科学出版社，2024.6

ISBN 978-7-03-076121-7

Ⅰ. ①不… Ⅱ. ①赵… ②刘… ③姜… Ⅲ. ①不锈钢-钢渣处理 Ⅳ. ①TF341.8

中国国家版本馆 CIP 数据核字（2023）第 149515 号

责任编辑：王喜军　陈　琼 / 责任校对：郝璐璐
责任印制：赵　博 / 封面设计：无极书装

科 学 出 版 社 出版
北京东黄城根北街 16 号
邮政编码：100717
http://www.sciencep.com
三河市春园印刷有限公司印刷
科学出版社发行　各地新华书店经销

*

2024 年 6 月第 一 版　开本：720 × 1000　1/16
2025 年 1 月第二次印刷　印张：8 1/4
字数：166 000

定价：98.00 元

（如有印装质量问题，我社负责调换）

前　　言

不锈钢渣是一种典型含铬固废，也是钢渣治理最难翻越的高山之一，将铬以三价态富集于尖晶石相是目前最理想的无害化解决方案。然而，熔渣中尖晶石晶体生长缓慢，常规改质处理后尖晶石仍存在尺寸小、缺陷多、分布散等问题，在酸/碱、高温、氧化环境中稳定性不足，污染隐患仍然存在。此外，大量有价组元与含铬物相紧密伴生、难以回收，极大地限制了不锈钢渣资源利用效率。

本书提出不锈钢渣治理“问题前置”的思路与方法，将冷态钢渣的“末端处置”负担转变为热态熔渣的“源头简化”任务，充分利用熔渣自身热能在线调控矿化行为，从根本上解决由矿相细、伴、杂特征导致的工序烦琐、辅料消耗、二次污染问题。瞄准共性难题，深度融合冶金学与矿物学前沿成果，建立不锈钢渣结晶行为与铬铁矿岩浆成矿相似理论，探究含铬熔体矿化行为共性规律与普遍原理。深化传统认识，由铬元素迁移规律反演铬稳定化控制理论，深化不锈钢渣铬污染的精准归因与原理解析，探索铬污染源头阻隔的核心因素与逻辑本质，以期为不锈钢渣无害化治理与资源化利用提供有益指导和经验借鉴。

本书共 7 章，概述不锈钢渣处理工艺研究进展（第 1 章和第 2 章），分析不锈钢渣相稳定性和铬赋存行为（第 3 章和第 4 章），探讨基于熔渣改质的结晶行为调控（第 5 章）、基于冷却制度优化的矿化路线调控（第 6 章）、基于搅拌处理的生长运移调控（第 7 章）。

本书由东北大学多金属共生矿生态化冶金教育部重点实验室和冶金学院的赵青、刘承军、姜茂发共同撰写完成。具体撰写分工如下：第 1 章和第 2 章由赵青和姜茂发撰写，第 3～7 章由赵青和刘承军撰写，全书由赵青完成统稿工作。

感谢东北大学闵义教授、张波教授、史培阳副教授、孙丽枫副教授、亓捷老师、邱吉雨老师，以及芬兰埃博学术大学 Henrik Saxén 教授、Ron Zevenhoven 教授等专家对本书的指导。感谢博士研究生操龙虎、梅孝辉，硕士研究生高天赐、刘瑞琪、严梓航、李宇蒙，以及高森、李鑫哲、赵家轩等学生对本书的贡献。

感谢国家自然科学基金项目（52074078、51704068）、国家重点研发计划项目（2021YFC2901200）、中国博士后科学基金项目（2017M610184）、辽宁省自然科学基金项目（2019-MS-127）、辽宁省重点研发计划项目（2023JH2/101600002）、沈阳市中青年科技创新人才支持计划项目（RC220491）、辽宁省钢铁产业产学研创新联盟合作项目（KJBLM202202）、东北大学 2023 年研究生教育质量保障工程项目对本书的支持。

感谢辽宁省科学技术协会将本书评为 2023 年辽宁省优秀自然科学学术著作并重点资助出版！

由于作者水平有限，书中难免存在不足之处，欢迎广大读者不吝赐教。

作　者

2023 年 1 月

目　录

第1章　不锈钢与不锈钢渣

1.1　不锈钢发展沿革

不锈钢是指在大气、蒸汽、水、酸、碱和盐等化学侵蚀性介质中具有一定化学稳定性合金钢的总称。依据不同特性需求，不锈钢通常含有铬（Cr）、镍（Ni）、钼（Mo）、铜（Cu）、锰（Mn）、钛（Ti）、铌（Nb）、铈（Ce）、碳（C）和氮（N）等合金元素，其中，Cr 的质量分数一般为 10%～30%。不锈钢表面会形成富铬氧化膜（即钝化膜），该膜具有致密、难溶解、自修复等特点，赋予了不锈钢良好的耐蚀性能[1]。

不锈钢的出现可以追溯到 20 世纪初的第一次世界大战时期，当时英国科学家哈里 • 布里尔利（Harry Brearley）受军部工厂委托优化步枪枪膛的耐磨性能。他在选材过程中偶然发现了一种具有良好耐蚀性能的含铬铁基合金，并将其称为不锈钢。Harry Brearley 因此被誉为“不锈钢之父”。同一历史时期，德国科学家本诺 • 斯特劳斯（Benno Strauss）和爱德华 • 莫勒（Eduard Maurer）共同研制了 Fe-Cr-Ni 体系奥氏体不锈钢，法国科学家舍维纳德（Chevenard）也开发了含有 Cr-Ni 的特殊钢[2]。此后不锈钢由于在腐蚀性环境中具有优异的性能而被广泛应用于石油天然气管道、家用器具、服装工业、核能工业、交通、建筑建造、机械制造、纺织加工和能源工业等领域[3, 4]。

我国不锈钢生产起源于 1952 年，抚顺特殊钢股份有限公司、山西太钢不锈钢股份有限公司相继炼出不锈钢，正式打开画卷书写中国不锈钢的冶炼史[5, 6]。最初生产的不锈钢主要包括 Cr13 型马氏体不锈钢和 18Cr-8Ni 型奥氏体不锈钢。后来为了满足国内化工发展需求，研发生产了 Mo 的质量分数为 2%～3%的奥氏体不锈钢，如 10Cr18Ni12Mo2Ti 钢。从 1960 年开始，一大批满足化学工业、石油工业、航海运输、航天运输及核能工业发展需要的新型不锈钢相继研制成功，至此我国的不锈钢体系初具规模。随后一个时期，我国不锈钢产业迅速发展，产量从 1978 年的 21.7 万 t 迅速提升到 2007 年的 700 万 t，我国正式成为世界上最大的不锈钢生产国。2008 年以后，青山钢铁、久立特材、德龙镍业、永兴特钢等国内民营企业巨头快速崛起，书写了中国不锈钢产业的新篇章。此外，我国在不锈钢品种开发方面也发展迅速。在国家标准《不锈钢和耐热钢　牌号及化学成分》（GB/T 20878—2007）中，不锈钢的种类已增加至 143 个，并且淘汰了一些旧钢种。

1.2 不锈钢分类

不锈钢的种类很多，成分及性能也各有差异。对不锈钢的常见分类方法主要有两种：一种是按照不锈钢中的合金元素，可以分为铬不锈钢和铬镍不锈钢；另一种是按照不锈钢的组织形态，可以分为马氏体不锈钢、铁素体不锈钢、奥氏体不锈钢、双相不锈钢和沉淀硬化不锈钢五大类[7]。

1.2.1 马氏体不锈钢

马氏体不锈钢是指以马氏体组织为基体，并且可以通过热处理（淬火或回火）对其性能进行调整的一类不锈钢。该类不锈钢合金元素中 Cr 的质量分数一般为10%以上，其中，碳含量（若无特殊标注，本书所述含量均为质量分数）决定了不锈钢的强度和硬度。依据钢中碳含量，马氏体不锈钢可以分为低碳马氏体不锈钢、中碳马氏体不锈钢和高碳马氏体不锈钢三种类型。

马氏体不锈钢具有优良的力学性能和 650℃以下良好的耐热性能，但其耐蚀性能一般低于奥氏体不锈钢。常用的马氏体不锈钢包括 1Cr13～4Cr13 和 9Cr18 等。在一些特殊领域，为了提高工件的表面硬度和耐蚀性能，可对马氏体不锈钢工件进行表面抛光、表面改性、表面镀铬镍和表面钝化等处理。

1.2.2 铁素体不锈钢

铁素体不锈钢是指具有体心立方晶体结构，且在使用状态下以铁素体组织为主的一类不锈钢。该类不锈钢中 Cr 的质量分数一般为 11%～30%。传统铁素体不锈钢中间隙原子含量较高，会导致钢的脆性较大、易晶间腐蚀、焊接性能不足等问题[8]。随着炉外精炼技术的发展，钢中 C、N 等间隙原子含量明显降低，研制生产了一系列低 C、N 铁素体不锈钢（C + N 的质量分数≤0.03%）和超低 C、N 铁素体不锈钢（C + N 的质量分数≤0.015%），极大地弥补了传统铁素体不锈钢的不足。

在各类不锈钢中，铁素体不锈钢的导热系数最高（为奥氏体不锈钢的130%～150%）、线膨胀系数最小（为 Cr-Ni 奥氏体不锈钢的 60%～70%），但在低温和室温下韧性较差。铁素体不锈钢在耐氯化物应力腐蚀、耐点蚀、耐缝隙腐蚀等局部腐蚀方面表现出优良的耐蚀性能，但存在耐晶间腐蚀性能差的问题。此外，铁素体不锈钢在深冲性和耐高温氧化性方面比奥氏体不锈钢表现更出色[9]。铁素体不锈钢可用于制造耐水蒸气、大气及氧化性酸腐蚀的零部件。

1.2.3　奥氏体不锈钢

奥氏体不锈钢是指以面心立方奥氏体组织为主的一类不锈钢，该类不锈钢的产量和消费量占不锈钢总量的一半以上。根据合金元素类型，奥氏体不锈钢主要分为 Cr-Ni 系奥氏体不锈钢和 Cr-Mn 系奥氏体不锈钢两大系列，前者以 Ni 为主要奥氏体化元素，后者的奥氏体化元素除 Mn 之外，还有适量的 N 和 Ni。

奥氏体不锈钢由于具有良好的耐蚀性能，常温、低温下优异的塑韧性，易成形性及良好的焊接性能，在工业生产及日常消费等各个领域都得到广泛应用。Cr-Ni 系奥氏体不锈钢具有非铁磁性和良好的低温韧性，但强度、硬度偏低，不宜用于制备承受较重负荷及对硬度和耐磨性能要求高的设备或部件。Cr-Mn-N 或 Cr-Mn-Ni-N 奥氏体不锈钢由于 N 的固溶强化作用而具有较高的强度，适用于制备承受较重负荷但耐蚀性能要求不高的设备构件。影响奥氏体不锈钢使用的因素主要有 Ni 资源的成本，以及焊接接头易裂纹和腐蚀破坏等问题。

1.2.4　双相不锈钢

双相不锈钢是指在钢中既有奥氏体组织又有铁素体组织的不锈钢。依据合金元素和耐蚀性能，双相不锈钢可以分为低合金型双相不锈钢、中合金型双相不锈钢、高合金型双相不锈钢和超级双相不锈钢四类。

双相不锈钢具有两相组织结构，因此其性能兼具奥氏体不锈钢和铁素体不锈钢的特点。与铁素体不锈钢相比，双相不锈钢的韧性更高、脆性转变温度更低，具有更加优异的耐晶间腐蚀性能和焊接性能；与奥氏体不锈钢相比，双相不锈钢的强度（特别是其屈服强度）更高，而且耐点蚀、耐晶间腐蚀、耐应力腐蚀、耐腐蚀疲劳等性能都较为突出[10, 11]。此外，在某些含氯环境中，双相不锈钢表现出了优异的耐蚀性能[12, 13]。双相不锈钢兼具优异的力学、化学和工艺性能，而且外观精美、强度高、质量轻，因此在石油、化工、机械、造船、核电、军工、建筑、生活用品等行业中应用广泛，成为发展国民经济和满足人民需求的重要基础材料。

1.2.5　沉淀硬化不锈钢

沉淀硬化不锈钢是指基体为马氏体或奥氏体组织并且能够通过沉淀硬化（时效硬化）处理使其强化的一类不锈钢。依据组织类型，沉淀硬化不锈钢可分为马氏体型沉淀硬化不锈钢、半奥氏体型沉淀硬化不锈钢和奥氏体型沉淀硬化不锈钢。

沉淀硬化不锈钢具有高强度、高韧性，在一般腐蚀性介质中其耐蚀性能与18-8型不锈钢相似，不过在含氯溶液中，马氏体型沉淀硬化不锈钢的耐应力腐蚀开裂性能较弱，主要应用于航天工业、核工业等高技术产业。

1.3 不锈钢冶炼工艺

脱碳保铬是冶炼不锈钢的主要任务，也是不锈钢区别于其他钢种的主要冶炼特性。根据钢种的碳含量要求，快速将高铬钢液中的碳含量降至目标水平，同时减少冶炼过程中铬的氧化烧损是不锈钢冶炼的主要难点。此外，部分钢种对钢中的气体含量也有严格要求，例如，铁素体不锈钢要求氮含量低[14]，冶炼过程还需进行脱气处理。

1.3.1 脱碳

钢液中碳的去除主要靠喷吹氧气氧化脱除，不锈钢的吹氧脱碳过程通常可分为高碳区脱碳和低碳区脱碳。高碳区脱碳速率与钢中碳含量无关，主要由供氧量决定；低碳区脱碳速率随钢中碳含量减少而降低。不锈钢脱碳过程中高碳区与低碳区的划分尤为重要，两者存在一个临界碳含量。赵沛[15]提出不锈钢中临界碳含量主要与真空度、温度及铬含量有关。其中，临界碳含量与真空度、铬含量呈正相关关系，与温度呈负相关关系。实际工况中，临界碳含量的选取对吹氧制度的制定有重要影响，高碳区钢中氧传质是脱碳限速环节，低碳区钢中碳扩散则是脱碳限速环节，若临界碳含量判断不当，容易使高碳区的强吹氧操作延伸至低碳区，导致Cr的过度烧损。

钢液温度和吹氩强度同样影响不锈钢脱碳速率[16, 17]，在几乎相同的冶炼工况下，随着初始钢液温度的升高，钢液终点碳含量呈现不断降低的趋势，初始钢液温度直接影响吹氧初期钢中碳与合金元素的竞氧关系。对脱碳反应，温度越高，反应吉布斯自由能越小；对合金元素氧化反应，影响则相反。吹氩搅拌对不锈钢冶炼主要有两个作用：一是为钢液提供搅拌能，促进钢中碳氧传质；二是提供反应界面，气泡表面是钢液脱碳反应发生的重要位置。

吹氧是不锈钢脱碳关键的冶炼操作之一，钢液脱碳速率会受吹氧强度、吹氧真空度、马赫数等吹氧因素的影响[18, 19]。吹氧因素的变化会影响氧气的利用率。高碳区脱碳速率随吹氧强度增加而增加，吹氧强度越高，单位时间内氧枪向钢液传入的溶解氧含量越高，越有利于脱碳。吹氧真空度的变化会直接改变氧枪出口压力，导致氧气射流马赫数的变化，吹氧真空度下降，成品碳含量也随之降低。

1.3.2　保铬

铬的回收率是除脱碳外不锈钢冶炼过程的重点控制目标。不锈钢冶炼过程中提高铬回收率的措施主要有提高开吹钢液温度、提高吹氧真空度、减少过吹、增大氩气搅拌及造碱性还原渣[20]。不锈钢成品碳含量和开吹钢液温度对铬回收率会产生影响。此外，吹氧时的钢液温度、真空度均能改变碳与铬之间竞争夺氧的能力。

不锈钢中由于铬含量较高，吹氧过程中不可避免地会造成铬的氧化烧损，减少过吹是减少烧损的关键控制因素之一。控制钢液过吹首先要对临界碳含量进行准确判断，尤其在低碳区碳的夺氧能力下降，过度吹氧或高强度吹氧会使铬的氧化速率急剧增加。吹氧结束后，吹炼过程中被氧化的合金元素会以氧化渣的形式漂浮在钢液上方。研究表明，炉渣碱度（$w(CaO)/w(SiO_2)$）对渣中氧化铬含量有较大的影响，碱度小于 2 以后，渣中氧化铬含量会急剧增加。

1.3.3　脱气

不同的不锈钢钢种对气体含量也有不同的要求。对于铁素体不锈钢，C、N 均是有害元素，冶炼过程需尽可能降低气体含量。除常规影响脱气的因素（初始含量、真空度、吹氩等）外，脱碳过程对脱气同样有重要影响。Fruehan[21]、Zhu 和 Mukai[22]提出钢液中氧、硫会抑制脱氮反应进行，吹氧过程中真空钢液面通常处于高氧势状态，阻碍液面脱氮反应进行。因此，钢液中氮主要在气泡中被去除，脱碳过程大量内生的 CO 及氩气泡为脱氮提供了充足的反应界面。

1.4　不锈钢渣成分与物相

不锈钢渣主要包括电弧炉（electric arc furnace，EAF）渣和氩氧脱碳法（argon-oxygen decarburization，AOD）产生的含铬废渣（简称 AOD 渣），化学成分如表 1.1 所示[23, 24]。自然冷却的 EAF 渣呈黑色，颗粒较大，性能与普通钢渣比较接近；AOD 渣呈白色，强度较差。两种不锈钢渣均呈碱性，且含有大量的 CaO 和 MgO 相，与水反应易膨胀粉化[25]。

表 1.1 不锈钢渣化学成分（质量分数，单位：%）

类型	CaO + MgO	SiO_2	MnO	Al_2O_3	FeO	Cr_2O_3	P_2O_5	Ni	R
EAF 渣	40～50	20～30	2～3	5～10	8～22	2～10	2～5	<0.1	1.5
AOD 渣	50～60	≈30	<1	≈1	<2	<1	—	<0.1	>2

注：R 指碱度

不锈钢渣中铬等重金属元素的赋存形式和污染特性是冶金工作者最关心的问题，也是决定不锈钢渣处理水平的重要因素。不锈钢渣的主要成分为 CaO、SiO_2、MgO、Al_2O_3、Cr_2O_3、FeO，有些不锈钢渣还有少量 MnO，主要矿相包括硅酸二钙（Ca_2SiO_4）、蔷薇辉石（$Ca_3MgSi_2O_8$）、黄长石（$Ca_2MgSi_2O_7$、$Ca_2Al_2SiO_7$）、尖晶石，以及以 MgO、FeO 为主要成分的二价金属氧化物连续固溶体（通常以 RO 表示，R 为某种金属元素，O 为氧）等[23, 26]。Mostafaee 等[27]从不锈钢冶炼过程的电炉内取样，发现熔渣物相组成主要为尖晶石和金属液珠。表 1.2 给出了不锈钢渣的基本矿相组成。

表 1.2 不锈钢渣的基本矿相组成

类型	主要矿相	其他矿相
EAF 渣	硅酸二钙、蔷薇辉石、黄长石等	尖晶石、玻璃相、RO 等
AOD 渣	硅酸二钙等	

1.5 不锈钢渣污染性

不锈钢渣中铬元素普遍以二价态和三价态的形式存在[28, 29]。虽然 Cr^{3+}在某种程度上是动植物所必需的微量营养元素，但是氧化后形成的 Cr^{6+}具有毒性和致癌性，被美国国家环境保护局（Environmental Protection Agency，EPA）列为 129 种重点污染物之一[30]。Cr^{6+}容易被人体吸收，它可通过消化道、呼吸道、皮肤及黏膜侵入人体，在体内具有致癌作用，还会引起诸多其他健康问题。我国对水体中铬浓度做出了相应的规定，如表 1.3 所示。

表 1.3 国家标准对水体中铬浓度的规定（单位：mg/L）

类型	《生活饮用水卫生标准》（GB 5749—2022）	《渔业水质标准》（GB 11607—1989）	《污水综合排放标准》（GB 8978—1996）
Cr	—	≤0.1	≤1.5
Cr^{6+}	≤0.05	—	≤0.5

一般的含铬废渣中铬的形态划分为五类：水溶态、酸溶态、结合态、结晶态和残余态。残余态是指未发生反应的尖晶石相，由于其在酸性、碱性、高温环境中均具有较强的稳定性，一般不会发生溶出，是铬解毒处理的理想赋存态。结晶态和结合态是指发生凝聚或结晶的部分，也具有一定的稳定性。水溶态涉及亚铬酸盐、铬酸盐、重铬酸盐等，具有很强的水溶性，容易转移到水相中，造成大范围污染[31]。类似地，酸溶态是具有酸溶性的铬赋存态。

不锈钢渣处理工艺均为非平衡冷却过程，铬分布在多种物相中，成分波动较大。根据不锈钢渣中各类矿相的溶解特征，可将其分为水溶相和稳定相[32]。表 1.4 总结了文献中报道的不锈钢渣中各物相的稳定性。赋存在水溶相中的铬会在处理、堆存、填埋等过程中接触溶液而溶出扩散，并逐渐氧化为六价态，危害人体和动植物健康。Samada 等[33]研究了不锈钢渣在海水中的溶出行为，结果显示尖晶石相非常稳定，长时间浸泡处理后基本不发生铬的溶出，而硅酸二钙相中铬的溶出量较大。因此，当铬赋存于水溶性物相时，不锈钢渣具有较大的污染性，极大地限制了其综合利用水平。

表 1.4　不锈钢渣中各物相的稳定性

作者	水溶相	稳定相	文献
Engström 等	硅酸二钙、蔷薇辉石、镁黄长石	—	[34]和[35]
Huijgen 等	硅酸二钙、蔷薇辉石	—	[36]
Mombelli 等	硅酸二钙	尖晶石	[37]
Yadav 和 Mehra	硅酸二钙、镁黄长石	—	[38]
Mombelli 等	硅酸二钙、镁黄长石	RO、尖晶石	[39]
Drissen 等	—	尖晶石	[40]

Cabrera-Real 等[41]提出促进不锈钢渣中含铬尖晶石相的形成有利于控制不锈钢渣中铬的溶出量。Kilau 和 Shah[42]研究了酸雨条件下铬的溶出行为与钢渣碱度及组分之间的关系，结果表明铬的溶出能力与不锈钢渣中 CaO 与 MgO 的质量分数有关。从图 1.1 中可以看出，当熔渣的碱度大于 2 时，熔渣中会生成 $CaCr_2O_4$。$CaCr_2O_4$ 是一种酸溶性物质，在酸性条件下易发生溶解。

Pillay 等[43]认为不锈钢渣在长期堆放过程中，随着时间的延长，Cr^{6+}的溶出量逐渐增大，并通过实验验证了 CaO 和 Cr_2O_3 在环境中反应生成 $CaCrO_4$ 的可能性。由于自然条件下固相扩散比较缓慢，空气中的 O_2 逐渐扩散到 Cr_2O_3 和 CaO 的边界处，同时 Cr^{3+}穿过 Cr_2O_3 和 CaO 的边界，最终形成了 $CaCrO_4$，整个氧化过程发生在暴露于空气中的氧化物表面。图 1.2 给出了 $CaCrO_4$ 的生成机理。

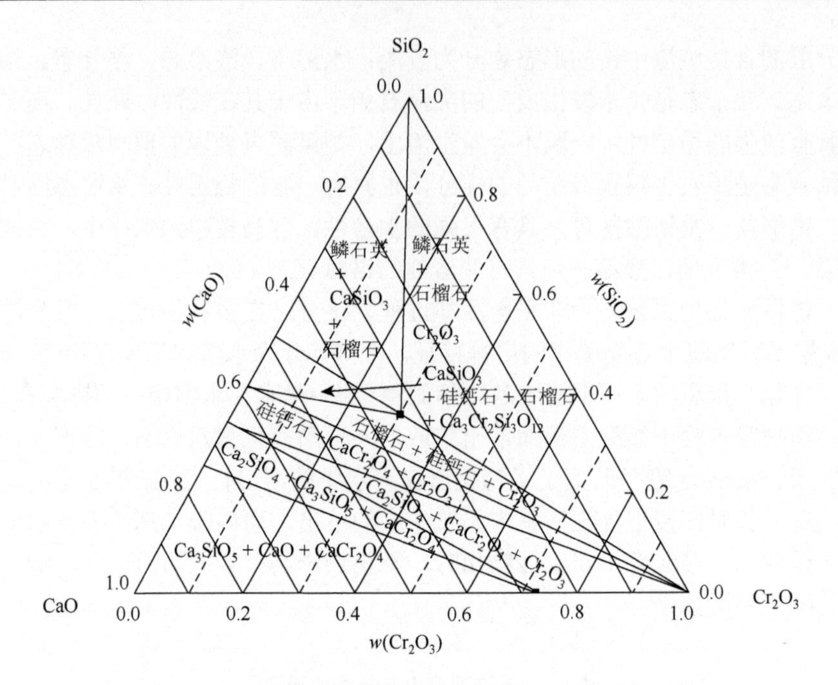

图 1.1 $CaO\text{-}SiO_2\text{-}Cr_2O_3$ 体系在 1350℃时的等温截面图

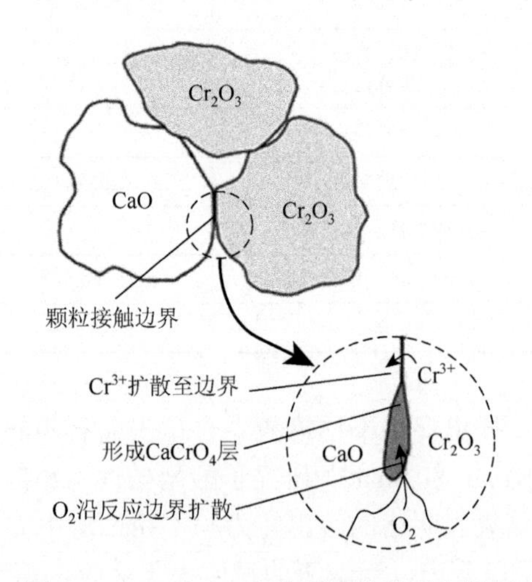

图 1.2 CaO 和 Cr_2O_3 在界面处的氧化机理

Lee 和 Nassaralla[44]研究了 $CaCrO_4$ 的标准生成吉布斯自由能，如反应（1.1）所示。当温度低于 1481℃时，$CaCr_2O_4$ 在富氧条件下就会被氧化成可溶性 $CaCrO_4$，这是不锈钢渣毒性的重要致因。

$$1/2CaO(s) + 1/2\beta\text{-}CaCr_2O_4(s) + 3/4O_2(g) \longrightarrow CaCrO_4(s)$$

$$\Delta G^{\Theta} = -RT\ln\frac{a_{CaCrO_4}}{P_{O_2}^{3/4}a_{CaO}^{1/2}a_{CaCr_2O_4}^{1/2}} = -191250 + 109T \quad (1.1)$$

铬的溶出只发生在固体颗粒的表面，熔渣内部的结构没有发生改变。Engström等[35]认为随着不锈钢渣的老化，在颗粒表面会形成 $CaCO_3$ 膜，降低不锈钢渣中铬的溶出能力。这主要是由于硅酸二钙、蔷薇辉石等物相发生溶解，并吸附大气中的 CO_2，改变了熔渣表面的性质，从而影响了铬的溶出能力。然而，Li 等[45]、Diener等[46]在不锈钢渣老化过程中同样发现了 $CaCO_3$ 和 $MgCO_3$，但它们对抑制铬的溶出无明显影响。

1.6 本 章 小 结

本章系统概述了不锈钢的分类及其生产工艺。作为不锈钢冶炼过程中产生的主要副产品，因为不锈钢渣中存在污染元素铬，所以不锈钢渣的回收利用水平受到了严重的限制。通过适当的处理方法实现不锈钢渣中铬的稳定化，对于提升不锈钢渣资源化利用水平、推动冶金行业绿色制造改革具有重要的意义。

参 考 文 献

[1] 陆世英，张廷凯. 不锈钢[M]. 北京：中国原子能出版社，1995.

[2] Corradi M，Di Schino A，Borri A，et al. A review of the use of stainless steel for masonry repair and reinforcement[J]. Construction and Building Materials，2018，181：335-346.

[3] Baddoo N R. Stainless steel in construction：A review of research，applications，challenges and opportunities[J]. Journal of Constructional Steel Research，2008，64（11）：1199-1206.

[4] Gedge G. Structural uses of stainless steel — Buildings and civil engineering[J]. Journal of Constructional Steel Research，2008，64（11）：1194-1198.

[5] 陆世英. 不锈钢概论[M]. 北京：化学工业出版社，2013.

[6] 张文华. 不锈钢及其热处理[M]. 沈阳：辽宁科学技术出版社，2010.

[7] 季文华. 不锈钢的分类与选择[J]. 科技信息，2012，2（4）：455.

[8] 丁茹，王伯健，王成，等. 铁素体不锈钢的开发研究[J]. 钢铁研究学报，2009，21（10）：1-4.

[9] 余存烨. 现代铁素体不锈钢应用综述[J]. 石油化工腐蚀与防护，2010，27（4）：1-3，7.

[10] Cheng X Q，Feng Z C，Li C T，et al. Investigation of oxide film formation on 316L stainless steel in high-temperature aqueous environments[J]. Electrochimica Acta，2011，56（17）：5860-5865.

[11] Yamamoto T，Fushimi K，Seo M，et al. Depassivation-repassivation behavior of type-312L stainless steel in NaCl solution investigated by the micro-indentation[J]. Corrosion Science，2009，51（7）：1545-1553.

[12] Adeli M，Golozar M A，Raeissi K. Pitting corrosion of SAF2205 duplex stainless steel in acetic acid containing bromide and chloride[J]. Chemical Engineering Communications，2010，197（11）：1404-1416.

[13] Wang Y，Cheng X Q，Li X G. Electrochemical behavior and compositions of passive films formed on the constituent phases of duplex stainless steel without coupling[J]. Electrochemistry Communications，2015，57：56-60.

[14] 徐迎铁，陈兆平，李实. VOD 冶炼超纯铁素体不锈钢脱碳脱氮[J]. 北京科技大学学报，2014，36（S1）：36-40.

[15] 赵沛. 炉外精炼及铁水预处理实用技术手册[M]. 北京：冶金工业出版社，2004.

[16] 安杰，于丹，耿振伟，等. VOD 不锈钢水的初始温度对精炼效果的影响[J]. 特殊钢，2013，34（1）：31-33.

[17] 张勤，石秋红. VOD 炉精炼不锈钢真空度调节方式的优化[J]. 铸造技术，2013，34（4）：504-505.

[18] 祁一星，张彦召，薛良良，等. 影响 VOD 精炼的工艺因素[J]. 大型铸锻件，2017（5）：32-34.

[19] 徐匡迪，肖丽俊. 关于不锈钢精炼的过程模型与质量控制[J]. 钢铁，2011，46（1）：1-13.

[20] 李强，刘润藻，朱荣，等. 二氧化碳用于不锈钢脱碳保铬的热力学研究[J]. 工业加热，2015，44（4）：24-26.

[21] Fruehan R J. Fundamentals and practice for producing low nitrogen steels[J]. ISIJ International，1996，36（Suppl）：58-61.

[22] Zhu J，Mukai K. The surface tension of liquid iron containing nitrogen and oxygen[J]. ISIJ International，1998，38（10）：1039-1044.

[23] 王春琼，李剑，杨洪，等. 工业废酸处理不锈钢冶炼钢渣的可行性分析[J]. 现代冶金，2010，38（1）：1-3.

[24] 张翔宇，章骅，何品晶，等. 不锈钢渣资源利用特性与重金属污染风险[J]. 环境科学研究，2008，21（4）：33-37.

[25] 崔慧交，赵泽. 钢渣粉化机理试验研究[J]. 钢铁，1997，32：59-62.

[26] 陈子宏，马国军，肖海明，等. 不锈钢冶炼电炉渣结构性质及浸出行为研究[J]. 武汉科技大学学报，2009，32（5）：466-470.

[27] Mostafaee S，Andersson M，Jönsson P. Petrographic and thermodynamic study of slags in EAF stainless steelmaking[J]. Ironmaking and Steelmaking，2013，37（6）：425-436.

[28] Dong P L，Wang X D，Seetharaman S. Thermodynamic activity of chromium oxide in $CaO-SiO_2-MgO-Al_2O_3-CrO_x$ melts[J]. Steel Research International，2009，80（3）：202-208.

[29] Okabe Y，Tajima I，Ito K. Thermodynamics of chromium oxides in $CaO-SiO_2-CaF_2$ slag[J]. Metallurgical and Materials Transactions B，1998，29（1）：131-136.

[30] 潘海峰，邵水松. 铬渣堆存区土壤重金属污染评价[J]. 环境与开发，1994，9（2）：268-270.

[31] 潘金芳，冯晓西，张大年. 化工铬渣中铬的存在形态研究[J]. 上海环境科学，1996，15（3）：15-17.

[32] Engström F. Mineralogical influence of different cooling conditions on leaching behaviour of steelmaking slag[D]. Luleå：Luleå University of Technology，2010.

[33] Samada Y，Miki T，Hino M. Prevention of chromium elution from stainless steel slag into seawater[J]. ISIJ International，2011，51（5）：728-732.

[34] Engström F，Adolfsson D，Samuelsson C，et al. A study of the solubility of pure slag minerals[J]. Minerals Engineering，2013，41：46-52.

[35] Engström F，Larsson M L，Samuelsson C，et al. Leaching behavior of aged steel slags[J]. Steel Research International，2014，85（4）：607-615.

[36] Huijgen W J J，Witkamp G J，Comans R N J. Mineral CO_2 sequestration by steel slag carbonation[J]. Environmental Science and Technology，2005，39（24）：9676-9682.

[37] Mombelli D，Mapelli C，Barella S，et al. The effect of microstructure on the leaching behaviour of electric arc furnace（EAF）carbon steel slag[J]. Process Safety and Environmental Protection，2016，102：810-821.

[38] Yadav S，Mehra A. Experimental study of dissolution of minerals and CO_2 sequestration in steel slag[J]. Waste Management，2017，64：348-357.

[39] Mombelli D，Mapelli C，Barella S，et al. The effect of chemical composition on the leaching behaviour of electric arc furnace（EAF）carbon steel slag during a standard leaching test[J]. Journal of Environmental Chemical

Engineering，2016，4（1）：1050-1060.

[40] Drissen P，Ehrenberg A，Kühn M，et al. Recent development in slag treatment and dust recycling[J]. Steel Research International，2009，80（10）：737-745.

[41] Cabrera-Real H，Romero-Serrano A，Zeifert B，et al. Effect of MgO and CaO/SiO_2 on the immobilization of chromium in synthetic slags[J]. Journal of Material Cycles and Waste Management，2012，14（4）：317-324.

[42] Kilau H W，Shah I D. Preventing Chromium Leaching from Waste Slag Exposed to Simulated Acid Precipitation：A Laboratory Study[M]. Pittsburgh：US Department of the Interior，Bureau of Mines，1984.

[43] Pillay K，von Blottnitz H，Petersen J. Ageing of chromium(Ⅲ)-bearing slag and its relation to the atmospheric oxidation of solid chromium(Ⅲ)-oxide in the presence of calcium oxide[J]. Chemosphere，2003，52（10）：1771-1779.

[44] Lee Y M，Nassaralla C L. Standard free energy of formation of calcium chromate[J]. Materials Science and Engineering：A，2006，437（2）：334-339.

[45] Li J L，Zhang H N，Xu A J，et al. Theoretical and experimental on carbon dioxide sequestration degree of steel slag[J]. Journal of Iron and Steel Research International，2012，19（12）：29-32.

[46] Diener S，Andreas L，Herrmann I，et al. Accelerated carbonation of steel slags in a landfill cover construction[J]. Waste Management，2010，30（1）：132-139.

第2章　不锈钢渣处理工艺

2.1　无害化处理

不锈钢生产过程中会产生大量的含铬废渣，含铬废渣中存在铬元素，导致含铬废渣难以处理和利用，造成了极大的环境压力和资源浪费[1]。目前世界各国对含铬废渣的治理极为重视，并根据各自特点开发了不同的处理工艺。针对含铬废渣的无害化处理工艺主要包括干法处理、湿法处理、固化封存、熔融改质等。

2.1.1　干法处理

干法处理主要是指在含铬废渣中添加一定量的还原剂，在高温条件下将 Cr^{6+} 还原为 Cr^{3+}，从而形成稳定的含铬化合物，主要反应如下：

$$2Na_2CrO_4 + 1.5C \longrightarrow 2NaCrO_2 + Na_2CO_3 + 0.5CO_2(g) \tag{2.1}$$

$$2Na_2CrO_4 + 3CO(g) \longrightarrow 2NaCrO_2 + Na_2CO_3 + 2CO_2(g) \tag{2.2}$$

$$4CaCrO_4 + 3C \longrightarrow 2CaCr_2O_4 + 2CaO + 3CO_2(g) \tag{2.3}$$

$$2CaCrO_4 + 3CO(g) \longrightarrow Cr_2O_3 + 2CaO + 3CO_2(g) \tag{2.4}$$

目前针对含铬废渣的干法处理以碳质还原为主[2, 3]。Wang 等[4]利用有机物（淀粉、小麦、稻秆）在 200～600℃时还原含铬废渣中的 Cr^{6+}，发现在 600℃时，当添加理论量的还原剂时，Cr^{6+}还原率即达 99%。Zhang 等[5]利用含碳污泥在 400～800℃时高温热解，发现水溶态 Cr^{6+}大幅减少，可实现铬的解毒。王明玉等[6]在鼓风炉中还原含铬废渣，将含铬废渣按照一定比例加入刚出炉的熔渣中，含铬废渣中的 Cr^{6+}被 FeO 还原成 Cr^{3+}，并与 FeO、MgO、Al_2O_3 形成尖晶石相，使铬以低价态稳定存在于渣中。

Drissen 等[7]在 EAF 渣中添加一定量的 $FeSO_4·7H_2O$ 抑制铬的溶出，结果发现 EAF 渣中铬的溶出性在短期内能够得到有效的抑制，但随着时间的延长，添加到熔渣中的 Fe^{2+}逐步氧化成 Fe^{3+}，使得 Cr^{3+}重新转变为 Cr^{6+}，造成铬的溶出能力增强。因此，此种方法处理的不锈钢渣的长期稳定性难以保证。

2.1.2　湿法处理

含铬废渣中含有大量的 Cr^{6+}，将 Cr^{6+}湿法还原为 Cr^{3+}是目前较为普遍的手段。首先将含铬废渣在酸性或碱性溶液中进行溶解，使渣中的铬转移到水溶液中；然后添加合适的还原剂将 Cr^{6+}还原为 Cr^{3+}，并以沉淀的形式析出；最后通过煅烧得到含铬的产品。采用的还原剂主要有 $FeSO_4$和 Na_2S 等[8, 9]，发生的主要反应如下：

$$CaCrO_4 + Na_2CO_3 \longrightarrow Na_2CrO_4 + CaCO_3 \tag{2.5}$$

$$CrO_4^{2-} + 3Fe^{2+} + 4OH^- + 4H_2O \longrightarrow Cr(OH)_3 + 3Fe(OH)_3 \tag{2.6}$$

$$8Na_2CrO_4 + 6Na_2S + 23H_2O \longrightarrow 8Cr(OH)_3 + 3Na_2S_2O_3 + 22NaOH \tag{2.7}$$

$$2Cr(OH)_3 \longrightarrow Cr_2O_3 + 3H_2O \tag{2.8}$$

虽然湿法处理工艺具有处理效率高、耗能低等优势，但是不锈钢渣具有很高的碱度，且铬含量相对较低，需要消耗大量的酸/碱溶液，处理成本高，同时会产生大量的含铬废水，造成严重的二次污染。

2.1.3　固化封存

固化封存是除化学处理法之外处理含铬废渣的一种常用方法。该法主要通过形成稳定的晶格结构和化学键，将有害组分固定或包封在惰性固体基体中，从而降低危险废物的浸出毒性[10]。根据所用固化剂，可将固化封存分为水泥固化、石灰固化、玻璃固化、化学试剂固化等，一般采用水泥固化和玻璃固化。

水泥固化就是向含铬废渣粉中加入一定量的无机酸或 $FeSO_4$做还原剂，将其中的 Cr^{6+}还原成 Cr^{3+}，再加适量的水泥熟料，加水搅拌、凝固，随着水泥的水化和凝固，铬化合物同其他物质形成稳定的晶体结构或化学键并被封闭在水泥基体中抑制溶出，从而达到解毒的目的[11, 12]。处理产物可作为路基料或直接填埋、投海。水泥水化刚开始时，固化体中的铬组元容易溶出，随着水化程度的提高，后期固化体产生更多的凝胶，铬组元稳定性随之提升。

玻璃固化主要通过快速冷却的方式使熔渣形成玻璃态，通过在表面形成稳定结构，将有害物质包裹到晶格中，使其不容易被浸出。熔渣与钢液分离后，通常采用水冷和空冷的方式将不锈钢渣冷却至室温。Lea[13]发现在快速冷却条件下从液态到固态的凝固转变过程可抑制熔渣的结晶行为，并发现 Cr^{6+}会在低温条件下形成，而通过快速水冷的方式可以有效抑制 Cr^{6+}的产生。Sakai 等[14]研究了碱度和冷却速率对含铬污泥中铬浸出行为的影响，发现在低碱度和快速冷却的条件下，熔渣表面会形成硅氧四面体结构，这种稳定的四面体结构会抑制铬的释放。随着熔渣碱度的提高，体系中会有残余的 Ca^{2+}，Ca^{2+}进入四面体结构中，从而破坏这种稳定的结构，使得铬的溶出性增大。

Ca^{2+}的侵入改变了硅氧四面体结构，并与硅氧四面体结构单元结合，从而使稳定存在于硅酸盐结构中的 Cr_2O_3 释放出来，导致铬的溶出性增大。Tossavainen 和 Forssberg[15]认为快速冷却能够促使熔渣形成玻璃态，但水淬渣中铬的溶出性与一般处理渣中铬的溶出性差别不大。Loncnar 等[16]研究了高温淬冷对不同种类EAF渣中元素浸出行为的影响，发现快速冷却能够增大铬的溶出量，但是对一些特定的不锈钢渣，铬的溶出量有所减小。Engström 等[17]研究了 EAF 渣淬冷过程中的结晶行为，发现结晶出来的晶体一般尺寸较小，熔渣的比表面积增大，渣中铬元素的反应活性明显增强，导致铬的溶出性增大。因此，从当前研究来看，固化封存对铬的稳定性的影响尚无定论。

在以上含铬废渣解毒处理方法中：干法处理虽然可得到有价值的产品，但是处理成本较高，吃渣量较小，且含铬废渣的解毒不彻底；湿法处理后 Cr^{6+}浓度大幅降低，但是处理费用很高，酸/碱液消耗量大，同时会造成二次污染；水泥固化需要加入大量的固化剂，经济效益差；玻璃固化一般只能适用于低碱度的熔渣体系，且其长期稳定性有待进一步验证。因此，亟须开发一种契合不锈钢渣特点的渣处理工艺，实现不锈钢渣高效解毒与资源化利用。

2.1.4　熔融改质

当渣中铬质量分数较低时，采用还原处理回收渣中铬的经济价值不高。虽然通过淬冷的方式在某种程度上可抑制不锈钢渣中铬的溶出，但是由于渣的熔点较高，很难完全转化为玻璃相，且铬的溶出效果依据渣的成分而显著不同。采用熔融改质技术，使熔渣中的铬在冷却过程中富集到某种稳定的矿相中，是一种经济又高效的铬污染源头阻断方式。

由研究者对不锈钢渣的物相分析可知，当铬富集于尖晶石相中时，由于其具有较强的耐酸/碱性及耐高温性，可有效地抑制铬的溶出。Görnerup 和 Lahiri[18]对液态炉渣进行了改质处理，通过添加一定量的尖晶石形核剂，有效减小了铬的溶出量。Dermatas 等[19]展开了对 EAF 渣中铬的稳定性提升的研究，并通过实验得到了铬的溶出性与尖晶石形核剂添加量之间的关系，如图 2.1 所示。由图 2.1 可知，熔渣中添加一定量的 MgO、Al_2O_3、FeO 可显著减小 EAF 渣中铬的溶出量，且 FeO 和 Al_2O_3 效果最好，这与文献[20]和[21]的研究结果较为吻合。依据不锈钢渣的化学组成及铬的溶出行为，总结出如式（2.9）所示的经验公式，从而将尖晶石相形成能力（factor sp）与铬的溶出性很好地联系起来。

$$\text{factor sp} = 0.2w(\text{MgO}) + 1.0w(\text{Al}_2\text{O}_3) + n\,w(\text{FeO}_{\text{total}}) + 0.5w(\text{Cr}_2\text{O}_3) \quad (2.9)$$

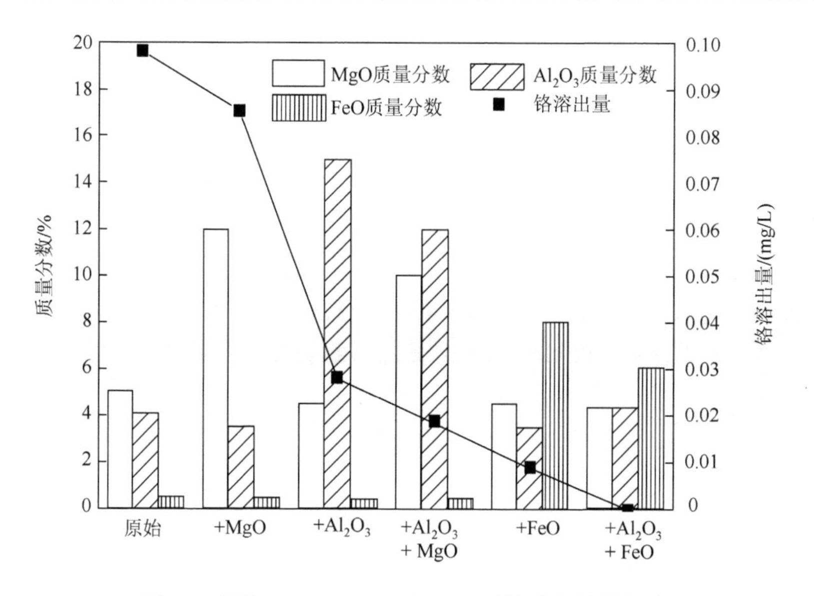

图 2.1　添加 MgO、Al_2O_3 和 FeO 对铬溶出性的影响

图 2.2 为铬的溶出量与 factor sp 的关系。从图 2.2 中可以看出，当 factor sp＜5 时，铬的溶出量较大；当 factor sp＞5 时，铬的溶出量明显减小；当 factor sp＞25 时，铬的溶出量小于 0.01mg/L。因此，适当添加尖晶石形核剂可有效地固定不锈钢渣中的铬，降低铬的溶出性。

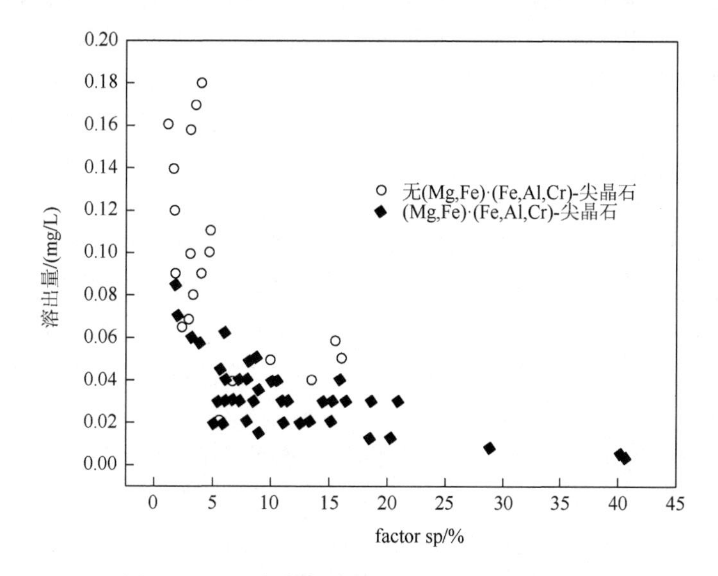

图 2.2　EAF 渣中铬的溶出量与 factor sp 的关系

在此工作的基础上，冶金工作者又研究了其他添加剂对不锈钢渣中尖晶石相析出行为的影响，发现 MnO 能够降低熔渣的熔点和黏度，改善传质条件，有利于尖晶石相的形成，而且能够显著增大尖晶石相的颗粒粒径[22, 23]。王伟等[24]在不锈钢渣中添加了少量的 B_2O_3 并对铬的富集行为与赋存状态进行了研究，认为当熔渣中添加少量的 B_2O_3 时，可促进铬向尖晶石相富集。

除添加尖晶石形核剂，铬的溶出性还与其他因素有关。铬在不锈钢渣中主要存在三种形态：二价、三价和六价。在还原性气氛下，熔渣中铬主要以 CrO 和 Cr_2O_3 的形式存在，且 Cr_2O_3 更稳定。Wang[25]通过实验研究，总结出如下经验公式：

$$\lg\left(\frac{X_{\mathrm{CrO}}}{X_{\mathrm{CrO_{1.5}}}}\right)=-\frac{11534}{T}-0.25\times\lg(P_{\mathrm{O_2}})-0.203\times\lg(B)+5.74 \tag{2.10}$$

式中，B 为熔渣的碱度

$$B=\frac{w(\mathrm{CaO})+w(\mathrm{MgO})}{w(\mathrm{SiO_2})+w(\mathrm{Al_2O_3})}$$

从式（2.10）中可以看出，升高温度、降低氧分压、降低熔渣碱度都能提高 $X_{\mathrm{CrO}}/X_{\mathrm{CrO_{1.5}}}$，从而促进尖晶石相的溶解[26]。Dong 等[27]研究了 CaO-SiO_2-MgO-Al_2O_3-CrO_x 熔渣体系中铬氧化物活度的变化规律，通过实验发现，当氧分压从 10^{-3}Pa 降低到 10^{-5}Pa、温度从 1803K 升高到 1923K 时，熔渣中 CrO 活度都会有所提高。Okabe 等[28]研究了 CaO-SiO_2-CaF_2 熔渣体系中铬氧化物的热力学行为，发现降低氧分压、降低熔渣碱度和升高温度都能提高 $X_{\mathrm{CrO}}/X_{\mathrm{CrO_{1.5}}}$。Pei 和 Wijk[29]研究了 CaO-$SiO_2$-$Al_2O_3$-MgO-$CrO_x$ 体系下铬氧化物活度的影响因素，也得到了相似的结论。其他研究者的结果也都支撑了以上结论[30, 31]。

Murck 和 Campbell[32]研究了温度、氧分压等对尖晶石相在熔体中的溶解度的影响，发现降低氧分压、升高温度均能增加尖晶石相的溶解度，从而提高液相中铬的质量分数。Morita 等[33]研究了 1600℃还原性气氛下 MgO·Cr_2O_3 在 MgO-Al_2O_3-SiO_2-CaO 熔渣体系中的溶解行为，从图 2.3 中可以看出，随着氧分压的降低，MgO·Cr_2O_3 的溶解度明显增加。添加一定量的 Al_2O_3 可以降低 $X_{\mathrm{CrO}}/X_{\mathrm{CrO_{1.5}}}$，并降低 MgO·$Cr_2O_3$ 在熔渣中的溶解度，如图 2.4 所示。Morita 等[34]研究了 1600℃空气条件下 MgO·Cr_2O_3 在 MgO-Al_2O_3-SiO_2-CaO 熔渣体系中的溶解行为，发现添加一定量的 CaO，提高碱度，导致尖晶石相溶解度的提高，同时提高了 Cr^{6+}的质量分数。当碱度为 1 时，适当添加 Al_2O_3 可以有效降低 MgO·Cr_2O_3 的溶解度，这也从理论上解释了 Al_2O_3 能够实现不锈钢渣中铬的稳定化的原因。Bartie[35]研究了温度、熔渣组成及氧分压对渣中铬氧化物赋存行为的影响，通过实验发现，升高温度、降低熔渣碱度、降低氧分压，以及降低原料中铬氧化物的质量分数均可提高熔渣中铬氧化物的溶解度。

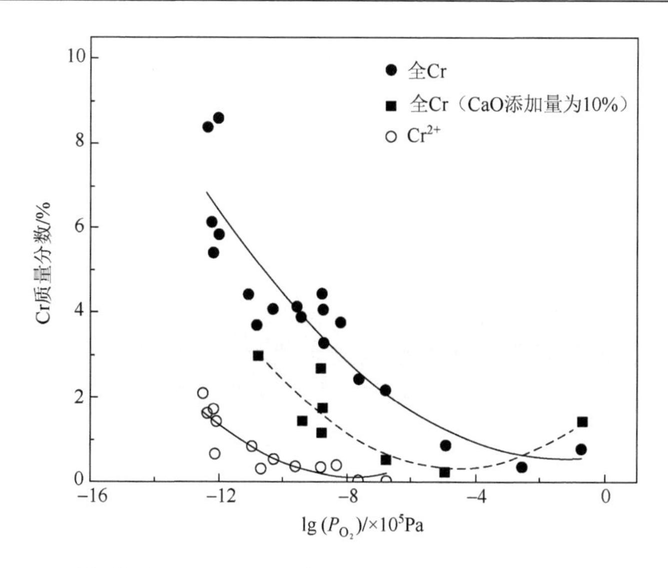

图2.3　1600℃时氧分压对 $MgO·Cr_2O_3$ 在 $MgO-Al_2O_3-SiO_2-CaO$ 体系中溶解度的影响

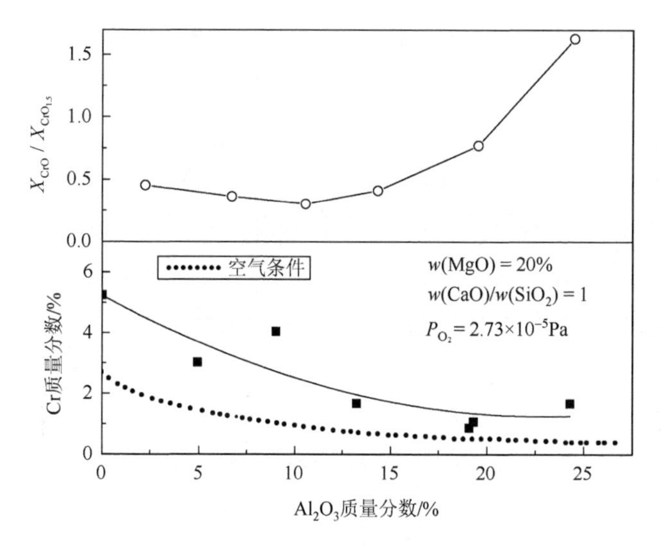

图2.4　1600℃时 Al_2O_3 对 $MgO-Al_2O_3-SiO_2-CaO$ 体系 $MgO·Cr_2O_3$ 溶解度和 $X_{CrO}/X_{CrO_{1.5}}$ 的影响

综上所述，熔渣碱度、氧分压及冷却制度等因素均能影响渣中 Cr^{2+}、Cr^{3+}和 Cr^{6+}的质量分数，进而影响铬的赋存状态及溶出行为。

1. 碱度

Cabrera-Real 等[36]研究了碱度对 $CaO-SiO_2-Cr_2O_3-CaF_2-MgO$ 合成渣系中铬的赋存状态及稳定化行为的影响，发现提高熔渣的碱度能促进 Ca-Cr-O 氧化物的形成，这类化合物在酸性条件下易溶解，显著增大了铬的溶出量。他们还认为碱度须限制在较低的水平，使高价铬化合物的形成条件发生改变。Albertsson 等[37, 38]研究了碱度对尖晶石相中铬的影响，通过实验发现，提高熔渣的碱度可降低尖晶石相中铬的质量分数，当碱度大于 1.4 时，尖晶石相中 Ca、Si 杂质元素的质量分数提高，改变了原有尖晶石结构，降低了含铬尖晶石的稳定性。Samada 等[39]在熔渣中添加了一定量的 SiO_2，并在高温下进行了改质处理，起到了减小铬的溶出量的作用。Lee 和 Nassaralla[40]研究了熔渣与镁铬耐火材料反应生成 Cr^{6+}的影响因素，结果表明当熔渣碱度较高时，渣中含有一定量的未熔 CaO，未熔 CaO 会与铬铁矿颗粒反应生成 Cr^{6+}。图 2.5 给出了碱度对 Cr^{6+}形成行为的影响。从图 2.5 中可以看出，高碱度明显提高了熔渣中 Cr^{6+}的质量分数。随着熔渣碱度的降低，Cr^{6+}的溶出量明显减小。这是由于增加的 SiO_2 会与 CaO 形成稳定的硅酸盐，降低了未熔 CaO 的质量分数，减小了生成 $CaCrO_4$ 的可能性。

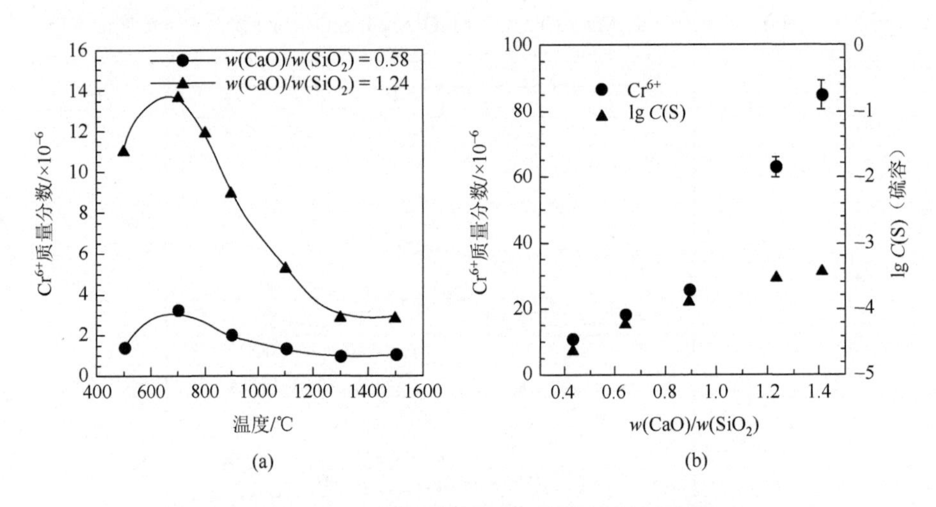

图 2.5　CaO-SiO_2 基炉渣中碱度对 Cr^{6+}形成行为的影响

2. 氧分压

铬的溶出性与熔渣在冷却过程中的氧分压有很大的关系。Albertsson 等[41]研究了低氧分压和空气条件下 CaO-MgO-SiO_2-Cr_2O_3 渣系中铬的赋存状态，发现在空气条件下，尖晶石相中的杂质元素 Ca、Si 质量分数明显增大，并形成了对环境有害的含铬固溶体。Shinoda 等[42]研究了氧分压对含铬钢渣中铬的溶出性及赋存状态的影响，发现在高氧分压条件下 Cr^{6+}的溶出量比在低氧分压条件下明显增大。Hatakeda 等[43]将不锈钢渣在不同的气氛下（空气和 Ar-10%H_2）进行了冷却处理，发现在空气中冷却时渣样中 Cr^{6+}的溶出量明显增大。

3. 冷却制度

Mombelli 等[44]采用两种冷却方式研究了冷却制度对不锈钢渣中铬溶出行为的影响，发现 EAF 渣在缓冷时铬的溶出量较大，通过快速冷却方式可使得铬的溶出量减小到 0。Lee 和 Nassaralla[45]也研究了冷却速率对镁铬耐火材料与熔渣之间 Cr^{6+}形成行为的影响，发现较低的冷却速率有利于 Cr^{6+}的形成。这可能是由于在缓冷条件下，会有大量的结晶相产生，改变了玻璃相的生成条件，降低了铬的稳定性；低于 1228℃有利于 Cr^{6+}的产生，快速冷却则避免了这个阶段。Albertsson 等[46]研究了冷却制度对 $CaO-SiO_2-MgO-Cr_2O_3$ 渣系中铬的赋存行为的影响，发现熔渣在 1600℃时缓冷到 1400℃并恒温 24h 且水冷后获得的尖晶石相尺寸明显大于熔渣在 1600℃时直接淬冷获得的尖晶石相，这说明缓冷到较低温度有利于尖晶石相的生成与长大。同时，缓冷降低了尖晶石相中 Ca、Si 等杂质元素的质量分数，提高了尖晶石相的稳定性。因此，合适的冷却制度有利于尖晶石相的生成并降低铬在水溶性物相中的质量分数。

综上所述，熔融改质处理可明显影响不锈钢渣中铬的赋存状态，促进其中的铬以稳定的矿相存在，实现铬的稳定化与无害化。为实现含铬不锈钢渣的彻底解毒，需协同控制冷却制度、气氛等因素。

2.2　资源化利用

某些含铬废渣中铬含量较高，或与其他有价组元共存，直接作为废弃物处理不仅会导致环境污染，而且会造成大量资源浪费。因此，含铬废渣资源化是当前研究的热点问题，主要有循环利用、湿法浸出、火法还原、物理提取四种路径。

2.2.1　循环利用

循环利用主要针对不锈钢渣中的有价氧化物开展资源综合利用，应用在钢铁生产流程的烧结、高炉和精炼等方面。在烧结工序中，以不锈钢渣代替部分白云石和生石灰，能够提高烧结矿质量，减少烧结燃料消耗，还可循环利用钢渣中的有价组元[47]，而且高温熔炼后不锈钢渣软化温度低、物相均匀且具有一定的黏性。李献春和张明辉[48]将钢渣粉与低品位矿石混合应用于烧结工序，垂直烧结速度和利用率略有降低，但烧结矿的转换指数明显提高，为高炉矫直提供了有利条件，减少了溶剂和燃料的消耗，降低了烧结成本。但这种处理方法的问题在于只有约 4%的钢渣被消耗，吃渣量小，而且钢渣中的 S、P 是烧结的有害元素，大量引入 S、P 会给后续工艺带来除杂负担。

在高炉生产中，参考普通钢渣的利用方法，可以将不锈钢渣破碎、筛分，取合适的粒度作为造渣剂，渣中的 CaO 和 MgO 可作为助熔剂，MgO 和 MnO 等还可改善高炉渣的流动性，金属元素返回生产流程，回收了金属[49]。但是，P 的引入同样影响了后续工序的生产，也造成了渣量的增加。

在精炼过程中，李俊国等[50, 51]将堆存的 EAF 渣和 AOD 渣同钢包精炼炉（ladle furnace，LF）精炼渣（简称 LF 渣）混合，在还原性气氛下制备了精炼渣。他们充分利用 LF 的高温和还原性气氛，使堆存不锈钢渣中的 Cr^{6+}还原为 Cr^{3+}，同时 LF 渣中的高 Al_2O_3 含量促进了尖晶石相的形成，以固化和封存不锈钢渣中的铬。

循环利用有效地提高了钢铁生产流程对二次资源的利用效率，提高了各元素回收率，但是仍存在有害元素富集等很多问题难以解决，整体实践效果并不十分理想。

2.2.2　湿法浸出

1. 酸溶沉淀法

酸溶沉淀法主要采用强酸与含铬废渣反应，除去不溶物，再以碱液与滤液反应，将铬与其他组分分离，用亚硫酸还原后得到含铬化合物。酸溶沉淀法主要包括以下步骤[52, 53]。

（1）向含铬废渣中加入强酸。

（2）滤去不溶物。

（3）向滤液中加入碱液，使 Ca、Fe、Mg 等金属元素沉淀。

（4）过滤处理，使沉淀产物与含铬溶液分离。

（5）向所得的滤液中加入亚硫酸，使 Cr^{6+}还原为 Cr^{3+}。

（6）向所得的含 Cr^{3+}滤液中加入碱液，使其转变为沉淀。

（7）过滤洗涤，得到含铬化合物。

（8）含铬化合物经煅烧得到铬产品。

含铬废渣在酸性条件下溶解相对困难，而且硅的干扰比较严重，为后续铬的选择性分离带来了很大的困难。因此，极少采用酸溶沉淀法来处理、回收含铬废渣中的铬。

2. 碱溶沉淀法

碱溶沉淀法将含铬废渣与 Na_2CO_3、NaOH 等在一定温度下进行焙烧，并水浸、过滤，合理控制溶液的 pH，生成的 $Cr(OH)_3$ 沉淀产物经过高温煅烧后，可得到相关的铬产品。采用碱溶沉淀法主要发生的反应如下：

$$Na_2CO_3 \longrightarrow Na_2O + CO_2(g) \tag{2.11}$$

$$Cr_2O_3 + 2Na_2O + 1.5O_2(g) \longrightarrow 2Na_2CrO_4 \quad (2.12)$$

$$Cr_2O_3 + Na_2O \longrightarrow Na_2Cr_2O_4 \quad (2.13)$$

$$2Na_2Cr_2O_4 + 2Na_2O + 3O_2(g) \longrightarrow 4Na_2CrO_4 \quad (2.14)$$

$$2FeCr_2O_4 + 4Na_2CO_3 + 3.5O_2(g) \longrightarrow 4Na_2CrO_4 + Fe_2O_3 + 4CO_2(g) \quad (2.15)$$

$$2(Fe, Mg)(Cr, Al)_2O_4 + 4Na_2O + 6O_2(g) \longrightarrow 2Na_2CrO_4 + 2Mg(Cr, Al)_2O_4 + Na_2Fe_2O_4 + 2NaAlO_2 \quad (2.16)$$

在碱性介质中添加一定量的氧化剂有利于 Cr^{3+}氧化物转变为 Cr^{6+}氧化物。白英彬等[54]研究了碱溶沉淀法处理不锈钢渣的理论可行性、工艺路线及制备 Cr_2O_3 的工艺条件。他们将 KOH 和 K_2CO_3 与不锈钢渣加热至 650℃，不锈钢渣分散在 KOH 和 K_2CO_3 熔融介质中，明显增加了反应接触面积，同时通入的空气扩散到界面，促进了反应的进行；煅烧后的产物通过水浸与不溶物分离，浸出液中加入硫酸溶液调整 pH 至 7～8，$Fe(OH)_3$、Al_2O_3、SiO_2 沉淀析出，与含铬溶液分离；添加 Na_2SO_3 等还原剂，同时添加硫酸溶液调整 pH 至 1，得到三价的碱式硫酸铬；添加 NaOH，提高溶液的碱度，使铬以 $Cr(OH)_3$ 的形式沉淀；沉淀产物在 850℃条件下煅烧 2h 后得到 Cr_2O_3 产品。Sreeram 和 Ramasami[55]通过向熔渣中添加一定量的 Na_2O_2，提高了铬的浸出率（最高可达 98%）。这是由于 Na_2O_2 的熔点为 600℃，并且 Na_2O_2 是一种良好的氧化剂，在 300℃左右开始释放氧气，促进了铬的氧化。郑敏[56]研究了氧化剂在含铬废渣焙烧中的作用，发现添加一定量的氧化剂能显著提高铬的浸出率，同时 $NaNO_2$ 对铬的浸出效果比 $NaBO_3 \cdot 4H_2O$ 和 $NaClO_3$ 更好，铬的浸出率可达到 99%。

铬浸出效果的影响因素还有很多，既有焙烧过程的影响，又有水浸过程的影响。吴霞[57]、Fang 等[58]认为铬浸出效果的主要影响因素包括焙烧过程中氧化剂与碱性剂的选择及加入量、焙烧时间、焙烧温度、水浸时间、水浸温度等。

湿法浸出可以有效提取含铬废渣中的有价金属铬，但是此过程操作复杂，对于铬质量分数较低的废渣不具备经济价值，而且会产生大量的酸/碱废液，造成严重的二次污染。

2.2.3　火法还原

近年来，研究者对于火法还原回收 Fe、Cr 等有价金属已有不少探索。不锈钢的无害化和资源化最直接的方式是利用还原剂（C、Si、Al）将不锈钢渣中的 CrO 或 Cr_2O_3 还原为金属铬，这样不仅可以回收有价金属，而且可以降低不锈钢渣中铬的危害。采用火法还原方法回收不锈钢渣中的铬，并通过调整炉渣的化学组成和铁浴成分使铬的回收率达到最佳值，是当前冶金工作者研究的热点[59, 60]。

1. 炉渣成分

炉渣成分对不锈钢渣中 Cr_2O_3 的还原效率影响很大，这是由于炉渣成分很大程度上决定了炉渣的物理化学性质，尤其是熔点和黏度，进而影响不锈钢渣的还原动力学。适宜的炉渣成分是还原提取铬元素的关键条件。

Miyamoto 等[61]研究了不锈钢渣的成分对铁浴还原效率的影响，认为降低熔渣的碱度或者添加一定量的 Al_2O_3 和 CaF_2 可以显著提高熔渣中铬的还原效率。这是由于添加此类物质能够降低熔渣的熔点和黏度，提高了渣中液相的质量分数。Nakasuga 等[62, 63]通过向炉渣中添加一定量的 Al_2O_3 和 SiO_2 提高铬的还原效率，且 SiO_2 的效果比 Al_2O_3 的效果更加显著，如图 2.6 所示，当熔渣中添加 10%SiO_2 时，Cr_2O_3 的还原效率达到最大。这是由于 SiO_2 或 Al_2O_3 的添加降低了炉渣的熔点，促进了炉渣的早期化渣；SiO_2 的加入显著降低了炉渣的碱度，对熔渣的性质影响较大，对还原效果影响也更为明显。以上观点得到了其他研究结果的支持[64, 65]。

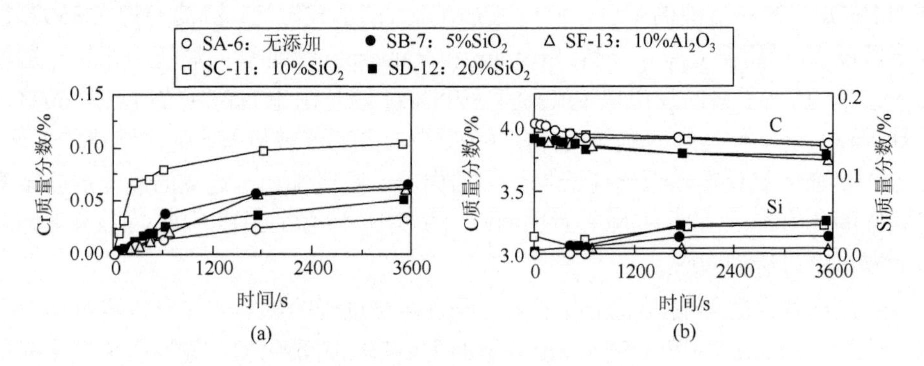

图 2.6　1400℃时 SiO_2 和 Al_2O_3 添加剂对 Cr_2O_3 还原效率的影响

2. 铁浴成分

目前铁浴还原仍以 Fe-C 还原为主，随着研究的深入，Fe-Si 和 Fe-Al 以及复合多元还原剂逐渐受到关注[66]，同时研究人员对熔渣的组成进行了更深入的探讨。铁浴还原主要发生的反应如下：

$$Cr_2O_3 + 3C \longrightarrow 2Cr + 3CO(g) \tag{2.17}$$

$$Cr_2O_3 + 3Si \longrightarrow 2Cr + 3SiO(g) \tag{2.18}$$

$$Cr_2O_3 + 2Al \longrightarrow 2Cr + Al_2O_3 \tag{2.19}$$

Sano[67]研究了 C、Si、Al 等还原剂对不锈钢渣中铬的还原行为的影响，从理论上分析，在 1500℃时，Al 的还原能力最强，然后依次是 Si、C。他通过向熔渣

中添加 Al_2O_3 和 CaF_2 及降低熔渣碱度提高了熔渣中液相的质量分数，增大了铬的传质速率，提高了 Cr_2O_3 的还原效率。Shibata 等[60]研究了用石墨、铝和硅铁合金还原 Cr 质量分数为 0.4%的 $CaO-SiO_2-FeO-Al_2O_3$ 渣系，在 1550℃时，每隔 60s 向刚玉坩埚内添加 0.2g 的硅铁合金、铝、石墨等还原剂，发现铝的还原效果明显优于硅铁合金和石墨，还原后不锈钢渣中铬的质量分数降低到 0.01%。李志斌[68]认为要使渣中 Cr_2O_3 质量分数降低到 6%以下，需将渣中的 MnO 和 FeO 质量分数降低到 2%以下。因此，在实际生产中配加还原剂时要考虑还原 FeO 和 MnO 等所消耗的量。火法还原解毒较彻底，而且可以得到有价金属铬，但也会使大气、粉尘等受到二次污染，增加了烟气除尘负担，处理成本较高。

2.2.4　物理提取

随着高品位矿产资源的日益枯竭，多金属共生矿已逐步成为化工行业的主要原料，这使得相当数量的伴生金属进入炉渣中。隋智通等[69, 70]在 20 世纪 90 年代提出了“选择性析出”的概念，并广泛用于攀西的含钛高炉渣和含硼尾渣综合利用流程。选择性析出基于以下三个步骤。

（1）创造合适的物理化学条件，使赋存于各矿相内的有价元素在化学势梯度的驱动下选择性地转移并富集于设计的目标矿相内，完成选择性富集。

（2）调控炉渣结晶物理化学条件，使富集相析出与长大。

（3）采用合适的选矿工艺，使富集相选择性分离。

付念新等[71, 72]在原始渣样的基础上，采取调整熔渣的成分、改变熔渣的性质、优化冷却制度等措施，使有价元素钛最大限度地富集到钙钛矿中，满足所需选矿级别的粒度要求并获得了最大的富集度，为后续有价元素的分离提供了有利条件。

晶粒尺寸取决于形核速率和生长速率。为使晶粒尺寸满足选矿分离的要求，对熔渣过冷度的控制至关重要。若过冷度过大，熔渣液相的质量分数较低，黏度较低，不利于有价元素在体系内的扩散，制约晶粒生长。若过冷度过小，形核所需的驱动力不足，形核率较低。因此，过冷度是一个很重要的影响因素。娄太平等[73, 74]研究了对含钛高炉渣中钙铁矿相的析出动力学，确定了钙钛矿相的析出温度，并使用约翰逊-梅尔-阿夫拉米-科尔莫戈罗夫（Johnson-Mehl-Avrami-Kolmogorov，JMAK）方程描述了钙钛矿的相对转变分数 X 和冷却速率 α 的关系：

$$\ln[-\ln(1-X)] = -n\ln\alpha + \ln c \tag{2.20}$$

式中，n 为指数；c 为只与温度相关的参数。

式（2.21）给出了钙钛矿平均粒径的三次方 r^3（等积圆半径）与冷却速率 α 的关系：

$$\alpha r^3 = A(T)[1-\exp(-b/\alpha^p)] \tag{2.21}$$

式中，$A(T)$为 $\alpha \to 0$ 时 αr^3 的值；b 和 p 为实验结果拟合数据。

由此可得，缓冷有利于晶粒生长。在降温过程中，局部浓度和过冷度都在变化，当环境满足形核要求时，就会不断产生新的晶核，如果控制适当的冷却速率和过冷度，使新生的晶核被粗化过程吞并，就可促进晶粒的长大。

Wu 等[75, 76]根据选择性析出的基本原理，结合含钒钢渣的特性，通过调整钢渣的成分及冷却制度，使有价元素钒富集到目标物相中。当含钒钢渣通过 Al_2O_3 改性处理后，绝大部分钒赋存于钒磷酸钙固溶体中。研究者对含钛高炉渣、含钒钢渣、硼渣[77, 78]、含磷钢渣[79, 80]中有价元素的富集行为进行了较为系统的研究，给开发清洁分离技术并获得冶金二次资源中低品位有价组分提供了借鉴，同时给不锈钢渣中铬的资源化利用提供了思路。

2.3　铬铁矿成矿行为

尖晶石、钙镁硅铝酸盐和碳酸盐在其母相中的结晶行为类似矿物的自然成矿与变质过程。因此，研究相关天然矿物成因对不锈钢渣中关键元素的定向富集与目标物相强化/抑制生长具有重要的指导意义。铬铁矿是铬在自然界中最主要的赋存形式，其与不锈钢渣中尖晶石相的元素组成相似，晶格常数相近，且通常具有较大的矿体规模[81]。此外，铬铁矿与不锈钢渣中尖晶石相的结晶母相相同，均是以 $CaO\text{-}SiO_2\text{-}Al_2O_3\text{-}MgO\text{-}Cr_2O_3\text{-}FeO_x$ 为主的多组元体系[27, 82]。研究发现，在岩浆的结晶和分异（矿物晶化与残余岩浆成分、结构和性质的相互影响）作用下，初始均一成分逐渐富集分离而相继矿化析出，致使铬铁矿常与钙镁硅铝酸盐系脉石伴生，此现象与不锈钢渣矿相结晶行为亦具有相似性[83]。因此，研究天然铬铁矿地质成因，分析大型矿体生长机制与矿相演变行为，对于不锈钢渣高温熔渣成矿路线调控具有重要的指导意义。

2.3.1　铬铁矿概述

在氧化物和氢氧化物矿物大类中，尖晶石属于配位型氧化物矿物亚类的 $MgAl_2O_4$ 族，为等轴晶系。尖晶石族矿物又分为三个亚族：①尖晶石亚族，主要含有尖晶石，化学通式为 $MgAl_2O_4$，常含有 FeO、ZnO、MnO、Fe_2O_3、Cr_2O_3 等组分；②磁铁矿亚族，主要含有磁铁矿，化学通式为 $FeO\cdot Fe_2O_3$，常含有类质同象的 Cr、Mg、Mn、Ti、V 等元素；③铬铁矿亚族，主要含有铬铁矿，化学通式为 $FeCr_2O_4$，矿物内部广泛存在 Cr_2O_3、Al_2O_3、Fe_2O_3、FeO、MgO 五种氧化物之间的类质同象置换行为[84]。

Thayer[85]认为铬铁矿是地幔橄榄岩中固有的矿物。由地幔及地壳中铬的丰度分析可知，地幔及球粒陨石中的铬含量远高于地壳，这说明铬铁矿中的铬主要来自原始地幔。鲍佩声[86]认为形成铬铁矿所需要的铬主要来自地幔橄榄岩中副矿物铬尖晶石和两类辉石。Dickey 和 Yoder[87]发现铬透辉石经不一致熔融生成铬尖晶石和橄榄石。Kushiro[88]对顽火辉石在高压下分别进行了干式熔融实验和饱和水式熔融实验，表明顽火辉石在低于 3×10^8Pa 的干式条件或在低于 30×10^8Pa 的饱和水式条件下均可发生不一致熔融并转变成橄榄石。因此，在斜方辉石中顽火辉石的熔融残余结构和铬尖晶石的溶出较为常见[89]。当二辉橄榄岩通过两类辉石先后熔融而转变为纯橄榄岩时，岩石中分散的铬才能以铬尖晶石的形式集中。王希斌等[90]认为铬铁矿中的铬主要来自两类辉石的不一致熔融和对副矿物铬尖晶石的改造，且随着熔融程度的提高，对应的铬尖晶石向富镁、富铬的方向进行演变。

2.3.2　铬的运移与富集

岩浆早期结晶过程中，镁质超镁铁岩中 Cr^{3+}替代 Al^{3+}、Fe^{3+}、Mg^{2+}（离子半径分别为 0.61Å、0.64Å、0.65Å，均为六配位）进入单斜辉石等硅酸盐矿物及尖晶石等副矿物的晶格。在岩浆冷却结晶过程中，超基性岩浆中的镁橄榄石首先晶出。当岩浆熔体中 Cr_2O_3 富集到一定程度（质量分数为 2%以上）时，镁铬尖晶石与橄榄石共同晶出，经重力或动力分异富集铬尖晶石。残余岩浆中铬含量富集到一定程度后，铬尖晶石与熔体形成更大范围的不混熔区，进而形成富铬熔浆。

岩浆的化学成分及氧逸度对富铬熔浆的熔离矿化起着重要的作用，熔浆中 Fe_3O_4、CaO 含量增加，扩大了不混熔区，促进了晚期的熔离富集成矿。熔浆在分熔时形成富铬纯橄榄岩浆，向岩体边部运移时，位置由窄变宽，流速降低，氧逸度提高，硅酸盐矿物中的 Cr^{3+}难以置换 Mg^{2+}，有利于铬铁矿化。

上地幔岩（主要是二辉橄榄岩）在高温高压环境下发生部分熔融，形成玄武质岩浆后残余地幔橄榄岩，即上地幔岩→地幔橄榄岩，该熔融过程初步富集从辉石中溶出的细小副矿物铬尖晶石，使熔体中铬含量增加[91, 92]。后期随着温度、压力及氧逸度等条件的改变，熔融程度增加，铬熔滴通过地幔剪切带的塑性剪切流集聚[93, 94]，该剪切流使铬熔滴在构造合适位置进一步富集。

岩浆中的流体对金属成矿元素的搬运与富集起着重要的作用[95]，并且地幔流体随岩浆迁移过程会将部分流体组分带入成矿体系内。此外，上地幔岩在部分熔融后形成地幔橄榄岩的过程中，方辉橄榄岩中的斜方辉石转变为橄榄石及铬尖晶石，也伴有脱水作用[96]。一部分 H_2O 被铬尖晶石结晶时捕获[97]，另一部分 H_2O 作为流体运移富铬熔体。大量的 H_2O 降低了硅酸盐矿物形成时的结晶温度，并且高温高压下 H_2O 共价键的改变导致氧逸度的提高。在铬铁矿成矿过程中，富 H_2O-CO_2 的流体含量增加使岩浆氧逸度提高[98]，有利于 Cr^{3+}的大量富集及铬铁矿溶解度的降低，进而促进铬的结晶成矿。

2.3.3 铬铁矿的成矿机理

蛇绿岩中铬铁矿床成因已从岩浆熔离学说发展到地幔熔融残留学说，现在主流观点认为地幔橄榄岩是熔体和熔融残留相混染与反应作用的产物[99, 100]。

（1）岩浆熔离学说的前提是富含铬的矿浆与硅酸盐岩浆由于不混熔而发生熔离，没有涉及成矿元素铬的来源问题[83, 101]。

（2）地幔熔融残留学说认为，铬铁矿是由含铬辉石经不一致熔融转变为橄榄石时释放出来并富集成矿的[102, 103]，但是根据具体矿床的围岩和矿体规模进行的铬元素丰度计算表明，含矿围岩提供的铬远远达不到矿床中铬的体量[104]。

（3）熔体-残留地幔岩反应成因学说认为，铬铁矿是岩石（方辉橄榄岩）/熔体（母岩浆）反应的产物[105, 106]，即豆荚状铬铁矿中高铬型铬铁矿和高铝型铬铁矿分别由不同成分的母岩浆结晶而成，高铬型母岩浆为玻安质岩浆，高铝型母岩浆为拉斑玄武质岩浆。基于方辉橄榄岩的岩石地球化学[107]、西藏铬铁矿岩及纯橄榄岩的铂系元素（platinum group element，PGE）配分特征得到了大部分学者的认同[108, 109]，它很好地解释了铬的活化和迁移行为。铬铁矿岩中富 Os 合金的 Re-Os 同位素显示，西藏罗布莎和东巧蛇绿岩型铬铁矿床成矿物质大部分来源于对流上地幔，由此形成熔体-古大陆岩石圈地幔混合形成铬铁矿床学说。

融合矿物学、冶金学、材料学相关学科前沿成果，明确有利于不锈钢渣目标矿相结晶与生长的熔体成分和冷却制度，进而获得熔渣成矿机制及其调控机理，可为不锈钢渣矿相重构与铬元素资源化利用提供支撑。

2.4 本章小结

本章系统介绍了目前不锈钢渣的处理工艺及其资源化利用情况。目前对于不锈钢渣的高效解毒及资源化利用还没有十分理想的办法，其处理难点主要是污染物的源头控制和有价组分的高效回收。尖晶石、钙镁硅铝酸盐和碳酸盐在其母相中的结晶行为类似矿物的自然成矿与变质过程。明确天然矿物成因，融合矿物学、冶金学、材料学相关学科前沿成果，将对不锈钢渣中关键元素的定向富集与目标物相强化/抑制生长具有重要的指导意义，并可为不锈钢渣矿相重构与铬元素资源化利用提供支撑。

参 考 文 献

[1] Potesser M，Sehniderítseh H，Antrekowitseh H. Chromium in different metallurgical residues with special regard to hexavalent chromium[C]. Dresden：Proceedings of The EMC，2005：1205-1219.

[2] Hughes K，Meek M E，Seed L J，et al. Chromium and its compounds：Evaluation of risks to health from environmental exposure in Canada[J]. Journal of Environmental Science and Health，1994，12（2）：237-255.

[3] Shi Y M，Du X H，Meng Q J，et al. Reaction process of chromium slag reduced by industrial waste in solid phase[J]. Journal of Iron and Steel Research International，2007，14（1）：12-15.

[4] Wang T G，He M L，Pan Q. A new method for the treatment of chromite ore processing residues[J]. Journal of Hazardous Materials，2007，149（2）：440-444.

[5] Zhang D L，He S B，Dai L W，et al. Impact of pyrolysis process on the chromium behavior of COPR[J]. Journal of Hazardous Materials，2009，172（2/3）：1597-1601.

[6] 王明玉，李辽沙，张力，等. 用鼓风炉渣消除铬渣毒性的研究[J]. 环境工程，2005，23（4）：46，65-66.

[7] Drissen P，Ehrenberg A，Kühn M，et al. Recent development in slag treatment and dust recycling[J]. Steel Research International，2010，80（10）：737-745.

[8] Moon D H，Wazne M，Jagupilla S C，et al. Particle size and pH effects on remediation of chromite ore processing residue using calcium polysulfide（CaS_5）[J]. Science of the Total Environment，2008，399（1-3）：2-10.

[9] Wazne M，Jagupilla S C，Moon D H，et al. Assessment of calcium polysulfide for the remediation of hexavalent chromium in chromite ore processing residue（COPR）[J]. Journal of Hazardous Materials，2007，143（3）：620-628.

[10] Dirk M，Kuehn M. Chrome immobilisation in EAF-slags from high-alloy steelmaking：Tests at FEhS institute and development of an operational slag treatment process[C]. Leuven：Proceedings of the 1st International Slag Valorisation Symposium，2009：101-110.

[11] 韩怀芬，黄玉柱，金漫彤. 铬渣的固化/稳定化研究[J]. 环境污染与防治，2002，24（4）：199-200.

[12] 席耀忠. 铬在硅酸盐水泥中的固化机理[J]. 中国建筑材料科学研究院学报，1990，2（4）：15-21.

[13] Lea F M. The Chemistry of Cement and Concrete[M]. London：Edward Arnold，1983.

[14] Sakai Y，Yabe Y，Takahashi M，et al. Elution of hexavalent chromium from molten sewage sludge slag：Influence of sample basicity and cooling rate[J]. Industrial and Engineering Chemistry Research，2013，52（10）：3903-3909.

[15] Tossavainen M，Forssberg E. Leaching behaviour of rock material and slag used in road construction：A mineralogical interpretation[J]. Steel Research，2000，71（11）：442-448.

[16] Loncnar M，Zupancic M，Bukovec P，et al. The effect of water cooling on the leaching behaviour of EAF slag from stainless steel production[J]. Materials and Technologies，2009，43（6）：315-321.

[17] Engström F，Adolfsson D，Yang Q，et al. Crystallization behaviour of some steelmaking slags[J]. Steel Research International，2010，81（5）：362-371.

[18] Görnerup M，Lahiri A K. Reduction of electric arc furnace slags in stainless steelmaking—Part 1[J]. Ironmaking and Steelmaking，1998，25（4）：317-322.

[19] Dermatas D，Chrysochoou M，Moon D H，et al. Ettringite-induced heave in chromite ore processing residue

（COPR）upon ferrous sulfate treatment[J]. Environmental Science and Technology，2006，40（18）：5786-5792.

[20] Arredondo-Torres V，Romero-Serrano A，Zeifert B，et al. Stabilization of $MgCr_2O_4$ spinel in slags of the SiO_2-CaO-MgO-Cr_2O_3 system[J]. Revista de Metalurgia，2006，42（6）：417-424.

[21] 杨阳. CaO-MgO-SiO_2-Cr_2O_3 体系中相平衡研究[D]. 济南：山东大学，2011.

[22] 李建立. 不锈钢渣中铬溶出及回收利用的基础研究[D]. 北京：北京科技大学，2013.

[23] Wang F，Yang Q X，Xu A J，et al. Influence of Mn oxides on chemical state and leaching of chromium in EAF slag[J]. Metallurgia International，2013，18（8）：88-92.

[24] 王伟，廖伟，武杏荣，等. 不锈钢渣中铬的赋存状态与铬的富集行为研究[J]. 矿产综合利用，2012（3）：42-45.

[25] Wang L J. Experimental and modelling studies of the thermophysical and thermochemical properties of some slag systems[D]. Stockholm：Royal Institute of Technology，2009.

[26] Wang L J，Seetharaman S. Experimental studies on the oxidation states of chromium oxides in slag systems[J]. Metallurgical and Materials Transactions B，2010，41（5）：946-954.

[27] Dong P L，Wang X D，Seetharaman S. Thermodynamic activity of chromium oxide in CaO-SiO_2-MgO-Al_2O_3-CrO_x melts[J]. Steel Research International，2009，80（3）：202-208.

[28] Okabe Y，Tajima I，Ito K. Thermodynamics of chromium oxides in CaO-SiO_2-CaF_2 slag[J]. Metallurgical and Materials Transactions B，1998，29（1）：131-136.

[29] Pei W，Wijk O. Experimental study on the activity of chromium oxide in the CaO-SiO_2-Al_2O_3-MgOsat-CrO_x slag[J]. Scandinavian Journal of Metallurgy，1994，23（5-6）：228-235.

[30] Pretorius E B，Muan A. Activity-composition relations of chromium oxide in silicate melts at 1500℃ under strongly reducing conditions[J]. Journal of the American Ceramic Society，1992，75（6）：1364-1377.

[31] Pretorius E B，Snellgrove R，Muan A. Oxidation state of chromium in CaO-Al_2O_3-CrO_x-SiO_2 melts under strongly reducing conditions at 1500℃[J]. Journal of the American Ceramic Society，1992，75（6）：1378-1381.

[32] Murck B W，Campbell I H. The effects of temperature，oxygen fugacity and melt composition on the behaviour of chromium in basic and ultrabasic melts[J]. Geochimica et Cosmochimica Acta，1986，50（9）：1871-1887.

[33] Morita K，Inoue A，Takayama N，et al. The solubility of MgO-Cr_2O_3 in MgO-Al_2O_3-SiO_2-CaO slag at 1600℃ under reducing conditions[J]. Tetsu-to-Hagané，1988，74（6）：999-1005.

[34] Morita K，Shibuya T，Sano N. The solubility of the chromite in MgO-Al_2O_3-SiO_2-CaO melts at 1600℃ in air[J]. Tetsu-to-Hagané，1988，74（4）：632-639.

[35] Bartie N J. The effects of temperature，slag chemistry and oxygen partial pressure on the behavior of chromium oxide in melter slags[D]. Stellenbosch：University of Stellenbosch，2004.

[36] Cabrera-Real H，Romero-Serrano A，Zeifert B，et al. Effect of MgO and CaO/SiO_2 on the immobilization of chromium in synthetic slags[J]. Journal of Material Cycles and Waste Management，2012，14（4）：317-324.

[37] Albertsson G J. Investigations of stabilization of Cr in spinel phase in chromium-containing slags[D]. Stockholm：Royal Institute of Technology，2011.

[38] Albertsson G J，Teng L，Björkman B. Effect of basicity on chromium partition in CaO-MgO-SiO_2-Cr_2O_3 synthetic slag at 1873K[J]. Mineral Processing and Extractive Metallurgy，2014，123（2）：116-122.

[39] Samada Y，Miki T，Hino M. Prevention of chromium elution from stainless steel slag into seawater[J]. ISIJ International，2011，51（5）：728-732.

[40] Lee Y，Nassaralla C L. Formation of hexavalent chromium by reaction between slag and magnesite-chrome refractory[J]. Metallurgical and Materials Transactions B，1998，29（2）：405-410.

[41] Albertsson G J，Teng L D，Engström F，et al. Effect of the heat treatment on the chromium partition in

$CaO-MgO-SiO_2-Cr_2O_3$ synthetic slags[J]. Metallurgical and Materials Transactions B，2013，44（6）：1586-1597.
[42] Shinoda K，Hatakeda H，Maruoka N，et al. Chemical state of chromium in $CaO-SiO_2$ base oxides annealed under different conditions[J]. ISIJ International，2008，48（10）：1404-1408.
[43] Hatakeda H，Maruoka N，Shibata H，et al. Chemical state and dissolution characteristics of Cr in steel-making slag[J]. Bulletin of the Advanced Materials Processing Building，Imram，Tohoku University，2007，63（1-2）：27-33.
[44] Mombelli D，Mapelli C，Barella S，et al. The effect of chemical composition on the leaching behaviour of electric arc furnace（EAF）carbon steel slag during a standard leaching test[J]. Journal of Environmental Chemical Engineering，2016，4（1）：1050-1060.
[45] Lee Y，Nassaralla C L. Minimization of hexavalent chromium in magnesite-chrome refractory[J]. Metallurgical and Materials Transactions B，1997，28（5）：855-859.
[46] Albertsson G J，Engström F，Teng L D. Effect of the heat treatment on the chromium partition in Cr-containing industrial and synthetic slags[J]. Steel Research International，2014，85（10）：1418-1431.
[47] 李小明，李文锋，王尚杰，等. 不锈钢渣资源化研究现状[J]. 湿法冶金，2012，31（1）：5-8.
[48] 李献春，张明辉. 钢渣粉回配烧结的探索与实践[J]. 鄂钢科技，2008，3：1-5.
[49] 沈中芳，肖永力，张友平. 不锈钢渣返高炉流程生产镍铬生铁的可行性[J]. 宝钢技术，2016，2：13-16.
[50] 李俊国，曾亚南，周景一. 堆存 AOD 不锈钢渣的处理方法：CN105039615B[P]. 2017-09-01.
[51] 李俊国，曾亚南. 堆存 EAF 不锈钢渣的处理方法：CN105039617A[P]. 2017-09-01.
[52] Li X，Xu W B，Zhou Q S，et al. Leaching kinetics of acid-soluble Cr（Ⅵ）from chromite ore processing residue with hydrofluoric acid[J]. Journal of Central South University，2011，18（2）：399-405.
[53] Tinjum J M，Benson C H，Edil T B. Mobilization of Cr（Ⅵ）from chromite ore processing residue through acid treatment[J]. Science of the Total Environment，2008，391（1）：13-25.
[54] 白英彬，宣春生，王仲英，等. 从铬不锈钢废渣中提取和富集铬的研究[J]. 山西化工，1999，19（3）：9-13.
[55] Sreeram K J，Ramasami T. Speciation and recovery of chromium from chromite ore processing residues[J]. Journal of Environmental Monitoring，2001，3（5）：526-530.
[56] 郑敏. 铬渣及含铬废水中铬的富集与分离[D]. 绵阳：西南科技大学，2010.
[57] 吴霞. 从不锈钢工业废渣中回收铬生产三氧化二铬的研究[D]. 长沙：湖南农业大学，2010.
[58] Fang H X，Li H Y，Xie B. Effective chromium extraction from chromium-containing vanadium slag by sodium roasting and water leaching[J]. ISIJ International，2012，52（11）：1958-1965.
[59] Yokoyama S，Takeda M，Ito K，et al. Rate of smelting reduction of chromite ore by the dissolved carbon in molten iron and slag foaming during the reduction[J]. Tetsu-to-Hagané，1992，78（2）：223-230.
[60] Shibata E，Egawa S，Nakamura T. Reduction behavior of chromium oxide in molten slag using aluminum，ferrosilicon and graphite[J]. ISIJ International，2002，42（6）：609-613.
[61] Miyamoto K，Kato K，Yuki T. Effect of slag properties on reduction rate of chromium oxide in Cr_2O_3 containing slag by carbon in steel[J]. Tetsu-to-Hagané，2002，88（12）：838-844.
[62] Nakasuga T，Sun H P，Nakashima K，et al. Reduction rate of Cr_2O_3 in a solid powder state and in $CaO-SiO_2-Al_2O_3-CaF_2$ slags by Fe-C-Si melts[J]. ISIJ International，2001，41（9）：937-944.
[63] Nakasuga T，Nakashima K，Mori K. Recovery rate of chromium from stainless slag by iron melts[J]. ISIJ International，2004，44（4）：665-672.
[64] 侯树庭，徐明华，张怀，等. 15 吨铁浴熔融还原工业性试验[J]. 钢铁，1995，30（8）：16-21.
[65] 郭杰，林姜多，刘之彭，等. 不锈钢渣熔融还原中铬在铁浴和熔渣间的分配行为[J]. 有色金属（冶炼部分），2011（9）：1-4.

[66] Tschudin M. Method for reducing Cr in metallurgical slags containing Cr，US：7641713[P]. 2010-01-05.

[67] Sano N. Reduction of chromium oxide in stainless steel slags[C]. Cape Town：10th International Ferroalloys Congress，2004：670-677.

[68] 李志斌. 还原不锈钢渣中 Cr_2O_3 的实验研究[C]. 西宁：特钢年会论文集，2008：43-48.

[69] 隋智通，张培新. 硼渣中硼组分选择性析出行为[J]. 金属学报，1997，33（9）：943-951.

[70] 隋智通，付念新. 基于“选择性析出”的冶金废渣增值新技术[J]. 中国稀土学报，1998（16）：731-738.

[71] 付念新，卢玲，隋智通. 高钛高炉渣中钙钛矿相的析出行为[J]. 钢铁研究学报，1998，10（3）：71-74.

[72] 付念新，张力，曹洪杨，等. 添加剂对含钛高炉渣中钙钛矿相析出行为的影响[J]. 钢铁研究学报，2008，20（4）：13-17.

[73] 娄太平，李玉海，李辽沙，等. 含钛炉渣中钙钛矿相析出动力学研究[J]. 硅酸盐学报，2000，28（3）：255-258.

[74] Guo Z Y，Lou T P，Zhang L Y，et al. Precipitation and growth of perovskite phase in titanium bearing blast furnace slag[J]. Acta Metallurgica Sinica（English Letters），2007，20（1）：9-14.

[75] Wu X R，Li L S，Dong Y C. Enrichment and crystallization of vanadium in factory steel slag[J]. Metallurgist，2011，55（5/6）：401-410.

[76] Wu X R，Li L S，Dong Y C. Experimental crystallization of synthetic V-bearing steelmaking slag with Al_2O_3 doped[J]. Journal of Wuhan University of Technology- Materials Science Edition，2005，20（2）：63-66.

[77] 张培新，隋智通，罗冬梅，等. $MgO-B_2O_3-SiO_2-Al_2O_3-CaO$ 中含硼组分析晶动力学[J]. 材料研究学报，1995，9（1）：66-70.

[78] Zhang P X，Sui Z T. Crystallization kinetics of the component containing boron in $MgO-B_2O_3-SiO_2-Al_2O_3-CaO$ slag[J]. Scandinavian Journal of Metallurgy，1994，23（5）：244-247.

[79] Wu X R，Wang P，Li L S，et al. Distribution and enrichment of phosphorus in solidified BOF steelmaking slag[J]. Ironmaking and Steelmaking，2013，38（3）：185-188.

[80] Wang N，Liang Z G，Chen M，et al. Phosphorous enrichment in molten adjusted converter slag：Part Ⅰ. Effect of adjusting technological conditions[J]. Journal of Iron and Steel Research International，2011，18（11）：17-20.

[81] 熊发挥，杨经绥，刘钊. 豆荚状铬铁矿多阶段形成过程的讨论[J]. 中国地质，2013，40（3）：820-839.

[82] Zhou M F，Robinson P T，Su B X，et al. Compositions of chromite，associated minerals，and parental magmas of podiform chromite deposits：The role of slab contamination of asthenospheric melts in suprasubduction zone environments[J]. Gondwana Research，2014，26（1）：262-283.

[83] 王恒升，白文吉，王炳熙，等. 中国铬铁矿床及成因[M]. 北京：科学出版社，1983.

[84] 李胜荣，许虹，申俊峰，等. 结晶学与矿物学[M]. 北京：地质出版社，2008.

[85] Thayer T P. Principal features and origin of podiform chromite deposits，and some observations on the Guelman-Soridag district，Turkey[J]. Economic Geology，1964，59（8）：1497-1524.

[86] 鲍佩声. 再论蛇绿岩中豆荚状铬铁矿的成因：质疑岩石/熔体反应成矿说[J].地质通报，2009，28（12）：1741-1761.

[87] Dickey J S，Yoder H S. Partioning of chromium and aluminium between clinopyroxene and spinel[J]. Year Book-Carnegie Institution of Washington，1972，71：384-392.

[88] Kushiro I. Compositions of magmas formed by partial zone melting of the Earth’s upper mantle[J]. Journal of Geophysical Research，1968，73（2）：619-634.

[89] 鲍佩声，王希斌，郝梓国，等. 阿尔卑斯超镁铁岩的演化及上地幔的局部熔融[J].地质学报，1992，66（3）：227-243，294.

[90] 王希斌，鲍佩声，邓万明. 西藏蛇绿岩[M]. 北京：地质出版社，1987.

[91] Bao P S，Wang X B，Peng G Y，et al. Chromite Deposit in China[M]. Beijing：Science Press，1990.

[92] 徐向珍. 藏南康金拉豆荚状铬铁矿和地幔橄榄岩成因研究[D]. 北京：中国地质科学院，2009.

[93] 梅厚钧. 蛇绿岩铬矿床的分布与成因及中国铬矿床的类型[J]. 岩石学报，1995，11（S1）：42-61.

[94] 金振民，Kohlstedt D L，金淑燕，等. 铬铁矿预富集和上地幔部分熔融关系的实验研究[J]. 地质论评，1996，42（5）：424-429.

[95] Zhang M J，Hu P Q，Niu Y L，et al. Chemical and stable isotopic constraints on the nature and origin of volatiles in the sub-continental lithospheric mantle beneath Eastern China[J]. Lithos，2007，96（1/2）：55-66.

[96] Proenza J，Gervilla F，Melgarejo J，et al. Al and Cr-rich chromitites from the Mayari-Baracoa Ophiolitic Belt，（eastern Cuba）：Consequence of interaction between volatile-rich melts and peridotites in suprasubduction mantle[J]. Economic Geology，1999，94（4）：547-566.

[97] Frank M，Walter G，Grigore S，et al. Petrogenesis of the ophiolitic giant chromite deposits of Kempirsai，Kazakhstan：A study of solid and fluid inclusions in chromite[J]. Journal of Petrology，1997，38（10）：1419-1458.

[98] Matveev S，Ballhaus C. Role of water in the origin of podiform chromitite deposits[J]. Earth and Planetary Science Letters，2002，203（1）：235-243.

[99] Obata M，Nagahara N. Layering of alpine-type peridotite and the segregation of partial melt in the upper mantle[J]. Journal of Geophysical Research：Solid Earth，1987，92：3467-3474.

[100] van der Wal D，Bodinier J L. Origin of the recrystallisation front in the Ronda peridotite by km-scale pervasive porous melt flow[J]. Contributions to Mineralogy and Petrology，1996，122（4）：387-405.

[101] Lago B L，Rabinowicz M，Nicolas A. Podiform chromite ore bodies：A genetic model[J]. Journal of Petrology，1982，23（1）：103-125.

[102] Dick H J B. Partial melting in the Josephine Peridotite：Ⅰ. The effect on mineral composition and its consequence for geobarometry and geothermometry[J]. American Journal of Science，1977，277（7）：801-832.

[103] Neary C R，Brown M A. Chromites from the Al'Ays complex，Saudi Arabia，and the semail complex，Oman[M]// Al-Shanti A M S. Evolution and Mineralization of the Arabian-Nubian Shield. London：Pergamon，1979：193-205.

[104] Zhou M F，Robinson P T，Malpas J，et al. Podiform chromitites in the luobusa ophiolite（southern Xizang）：Implications for melt-rock interaction and chromite segregation in the upper mantle[J]. Journal of Petrology，1996，37（1）：3-21.

[105] Roberts S. Ophiolitic chromitite formation：A marginal basin phenomenon？[J]. Economic Geology，1988，83（5）：1034-1036.

[106] Zhou M F，Robinson P T，Bai W J. Formation of podiform chromitites by melt/rock interaction in the upper mantle[J]. Mineralium Deposita，1994，29（1）：98-101.

[107] Kelemen P B，Dick H J B，Quick J E. Formation of harzburgite by pervasive melt/rock reaction in the upper mantle[J]. Nature，1992，358（6388）：635-641.

[108] Ballhaus C. Origin of podiform chromite deposits by magma mingling[J]. Earth and Planetary Science Letters，1998，156（3/4）：185-193.

[109] Carapezza M L，Federico C. The contribution of fluid geochemistry to the volcano monitoring of Stromboli[J]. Journal of Volcanology and Geothermal Research，2000，95（1-4）：227-245.

第 3 章　不锈钢渣相稳定性分析

明确不锈钢渣相稳定性对于确定熔融改质目标物相具有重要意义。本章从热力学分析和实验研究两个方面开展不锈钢渣中典型物相稳定性研究，分析物相溶液体系中的浸出行为，为不锈钢渣熔融改质方向的确定提供理论依据，为铬元素的稳定化控制和共伴生组元的回收利用创造条件。

3.1　热力学稳定性

3.1.1　Eh-pH 图

不锈钢渣是以 $CaO-SiO_2-MgO-Al_2O_3-MnO-FeO-Cr_2O_3$ 为主的渣系，冷却过程中会析出蔷薇辉石、硅酸二钙、黄长石、RO 和尖晶石等物相。玻璃相又称过冷液相，为熔融液相来不及结晶的产物。不锈钢渣中玻璃相主要来源于钢渣淬冷过程，玻璃相成分不固定，与淬冷时液相成分相关。

通过绘制 Eh-pH 图可以考察物相在水溶液中稳定存在的区域，从热力学角度评价物相稳定性。图 3.1～图 3.4 为使用 FactSage 软件绘制的 $Ca-Si-H_2O$ 系、$Ca-Mg-Si-H_2O$ 系、$Ca-Al-Si-H_2O$ 系 Eh-pH 图。由图 3.1～图 3.3 可知，在室温（25℃）下稀溶液中硅酸二钙相的稳定区域为 pH＞10.2 的区域，蔷薇辉石相的稳定区域为 pH＞9.6 的区域，钙镁黄长石相的稳定区域为 pH＞9.3 的区域，这表明硅酸二钙相、蔷薇辉石相、钙镁黄长石相在中性和酸性溶液体系中稳定性较差。由图 3.4 可知，在 25℃下稀溶液中钙铝黄长石相的稳定区域远大于蔷薇辉石相、硅酸二钙相和钙镁黄长石相，钙铝黄长石相稳定存在于 pH＞5.9 的溶液中。

RO 相为金属氧化物的广泛固溶体，是不锈钢渣中的典型物相，铬元素常赋存其中。以 CaO、MgO 和 MnO 为代表，本章分析不锈钢渣中 RO 相在溶液体系中的热力学稳定性，使用 FactSage 软件绘制室温下 $Ca-H_2O$、$Mg-H_2O$ 和 $Mn-H_2O$ 的 Eh-pH 图，如图 3.5～图 3.7 所示。Ca^{2+}和 Mg^{2+}在 25℃下酸性溶液体系中以离子形态存在，而 MnO 在非氧化条件下仅能在溶液 pH＞9 时稳定存在。由此可知，RO 相在酸性溶液体系中稳定性普遍较差。

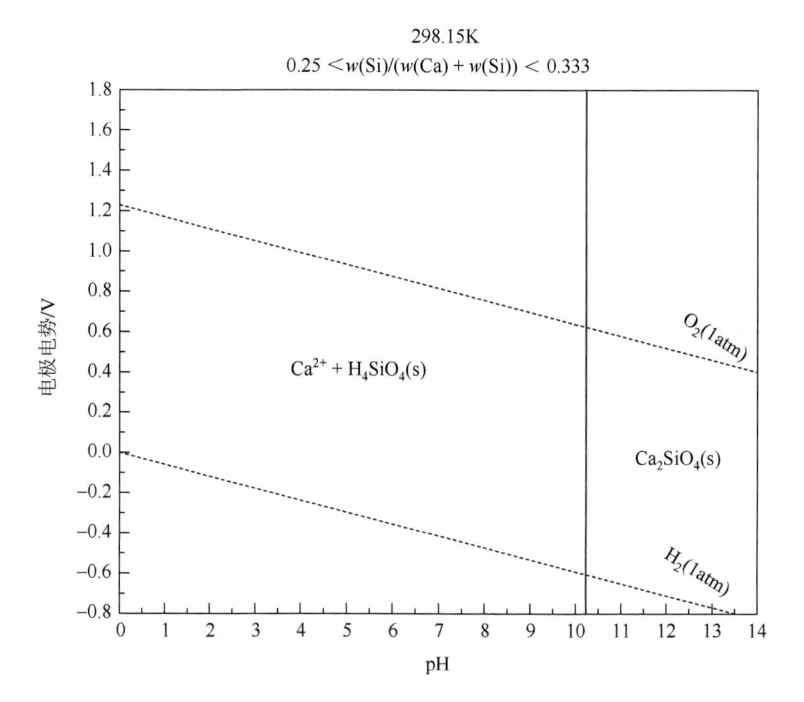

图 3.1　Ca-Si-H_2O 系 Eh-pH 图（1atm=1.01325×10^5Pa）

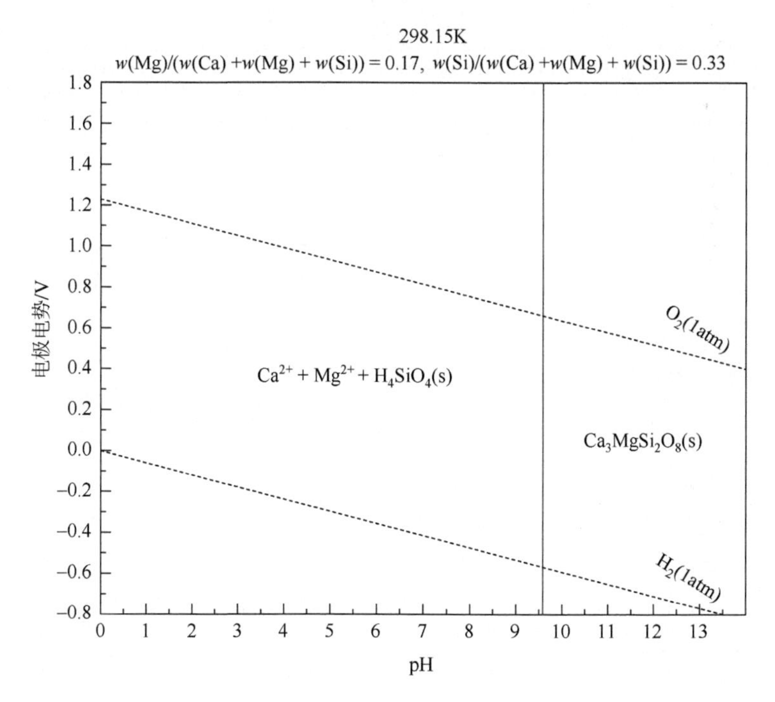

图 3.2　Ca-Mg-Si-H_2O 系 Eh-pH 图（一）

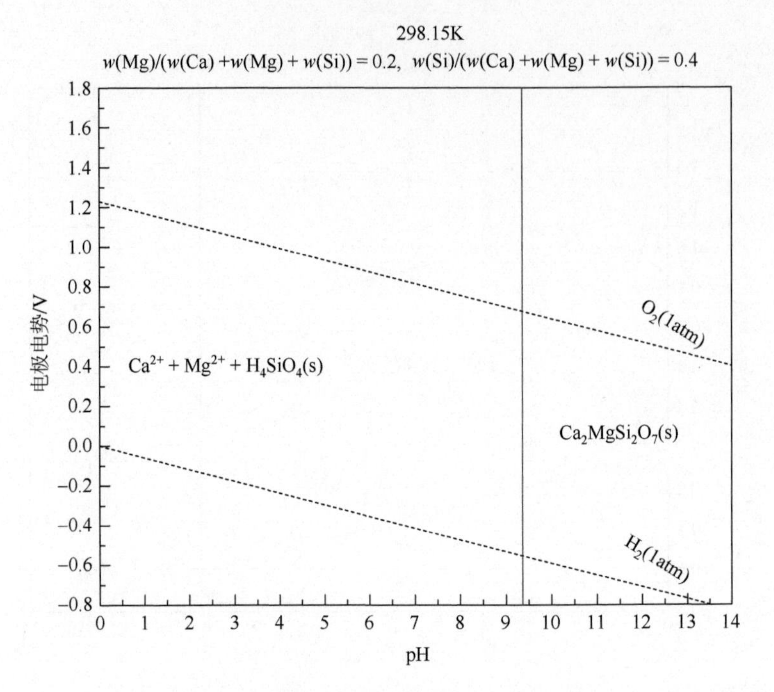

图 3.3　Ca-Mg-Si-H_2O 系 Eh-pH 图（二）

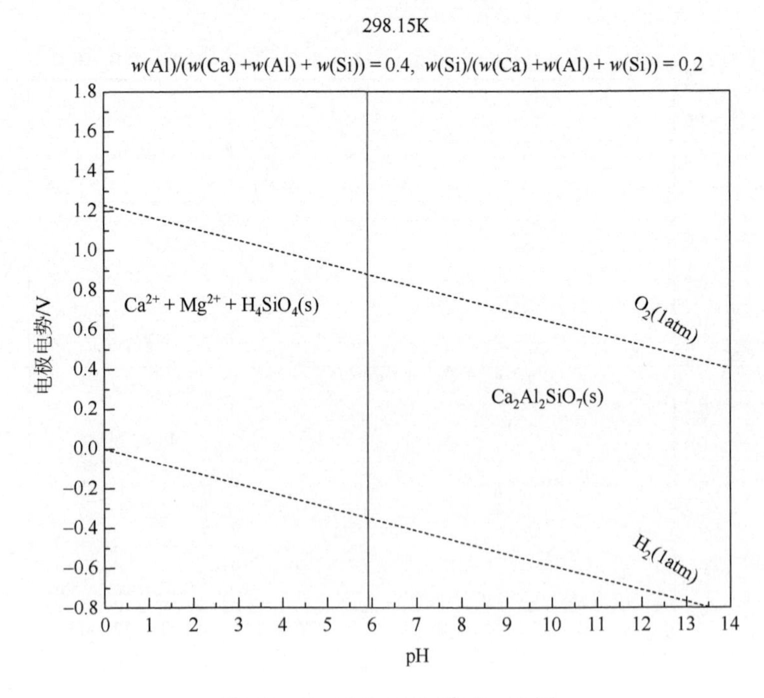

图 3.4　Ca-Al-Si-H_2O 系 Eh-pH 图

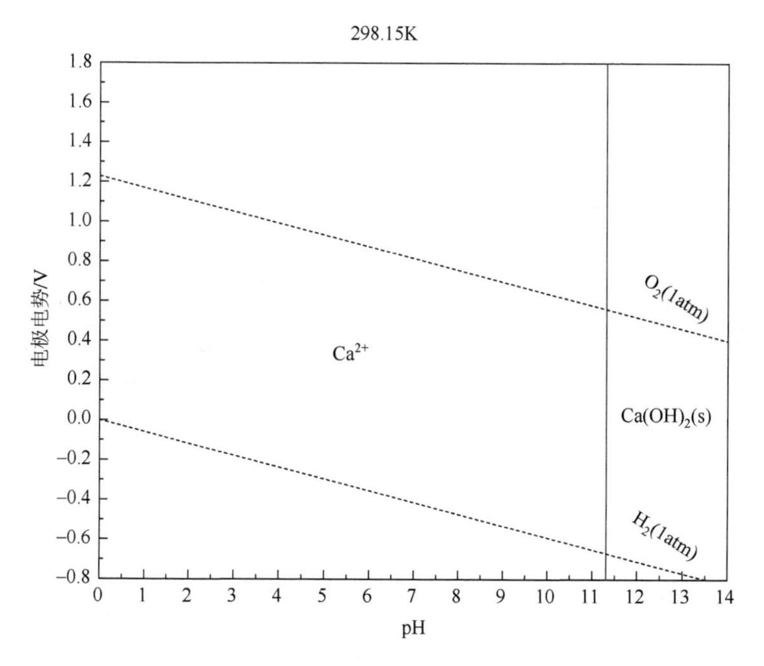

图 3.5　Ca-H_2O Eh-pH 图

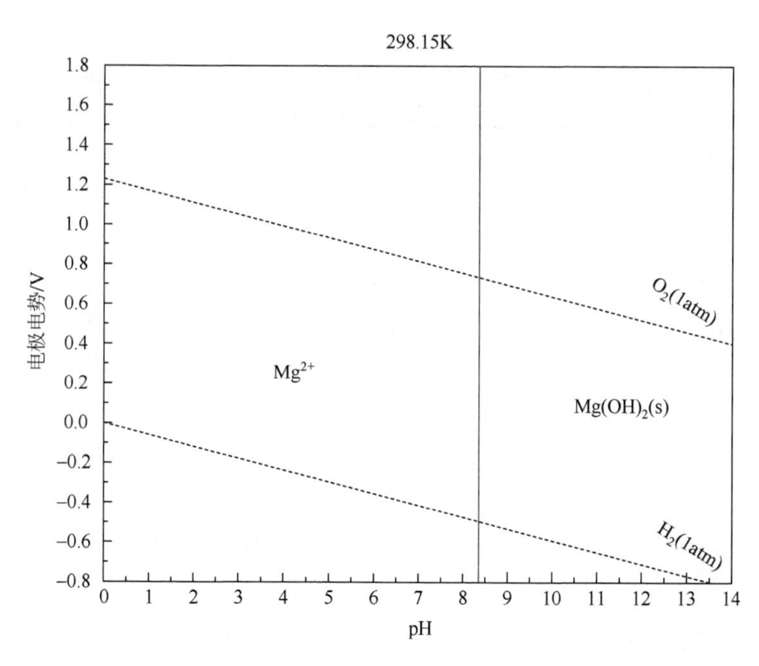

图 3.6　Mg-H_2O Eh-pH 图

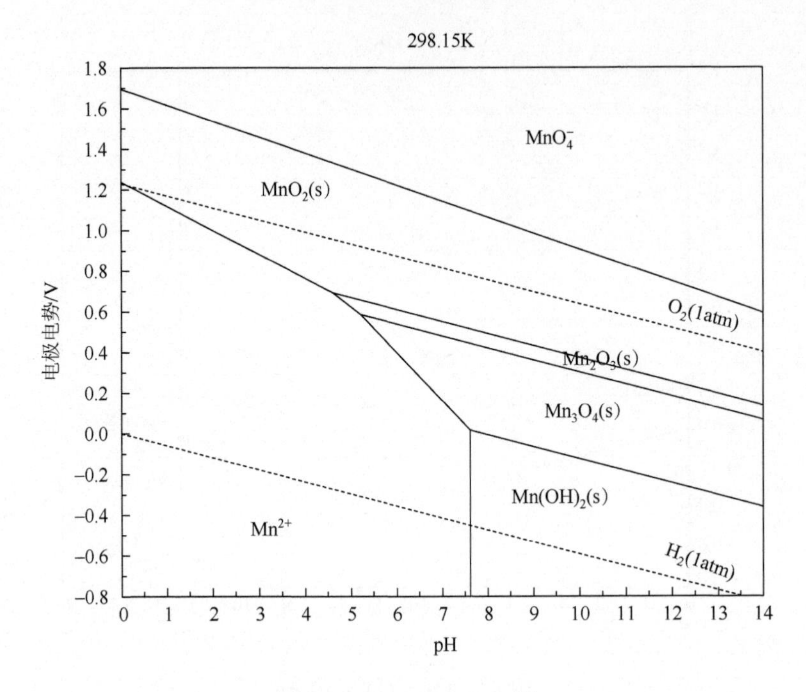

图 3.7 Mn-H_2O Eh-pH 图

尖晶石的常见化学式为 AB_2O_4，在不锈钢渣中通常为镁铬尖晶石（$MgCr_2O_4$），少量存在铁铬尖晶石（$FeCr_2O_4$）和镁铝尖晶石（$MgAl_2O_4$）。图 3.8 为使用 FactSage 软件绘制的 25℃下 Mg-Cr-H_2O 系 Eh-pH 图。由图 3.8 可知，镁铬尖晶石在 pH = 7 时和氢离子反应分解成 Mg^{2+}与铬氧化物，当溶液 pH 降至 3 以下时，铬元素以离子形态存在于水溶液中。因此，镁铬尖晶石在溶液 pH＜3 时才存在铬离子释放风险。从不锈钢渣中铬稳定性角度考虑，相较于其余物相，在熔融改质过程中应使铬元素尽可能赋存到尖晶石相中，以保证不锈钢渣在后续处理过程中具有较高的铬稳定性。

3.1.2 反应热力学

蔷薇辉石相在不同 pH 溶液中主要发生如下三种反应，表 3.1 为 25℃时各物质的标准生成吉布斯自由能[1]。

$$Ca_3MgSi_2O_8 + 8H^+ \longrightarrow 3Ca^{2+} + Mg^{2+} + 2H_2SiO_3 + 2H_2O \tag{3.1}$$

$$Ca_3MgSi_2O_8 + 6H^+ \longrightarrow 3Ca^{2+} + Mg^{2+} + 2HSiO_3^- + 2H_2O \tag{3.2}$$

$$Ca_3MgSi_2O_8 + 4H^+ \longrightarrow 3Ca^{2+} + Mg^{2+} + 2SiO_3^{2-} + 2H_2O \tag{3.3}$$

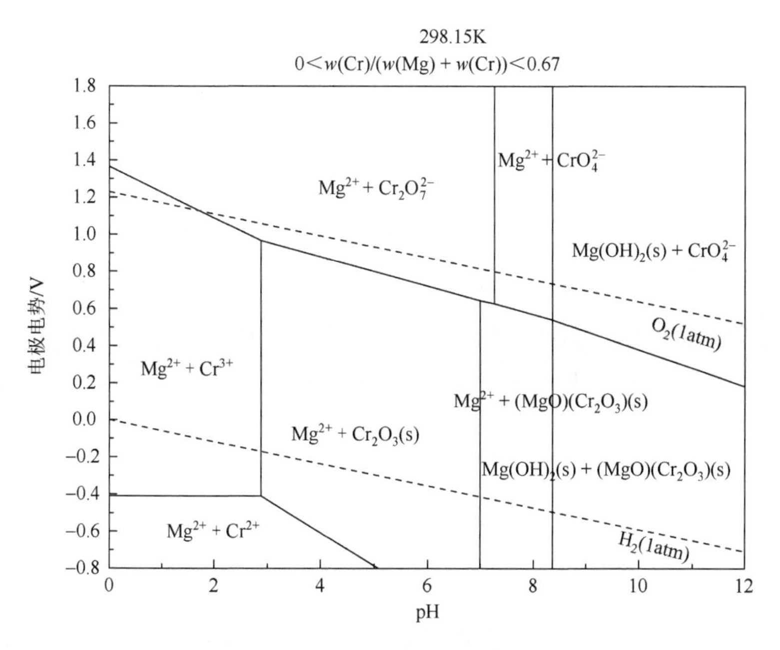

图 3.8　Mg-Cr-H$_2$O 系 Eh-pH 图

选取反应（3.1）作为计算示例，其标准生成吉布斯自由能为

$$\Delta G_1^{\Theta} = -27.4\ \text{kJ/mol} \tag{3.4}$$

反应（3.1）的平衡常数为 K，则 $\lg K = -\dfrac{\Delta G_1^{\Theta}}{2.303RT} = 48.0$。

当反应（3.1）达到平衡时，$\lg K = \lg \dfrac{a_{H_2O}^2 \cdot a_{H_2SiO_3}^2 \cdot a_{Ca^{2+}}^3 \cdot a_{Mg^{2+}}}{a_{H^+}^8 \cdot a_{Ca_3MgSi_2O_8}}$，有

$$\lg K = 3\lg\gamma_{Ca^{2+}} + 3\lg C_{Ca^{2+}} + \lg\gamma_{Mg^{2+}} + \lg C_{Mg^{2+}} + 2\lg\gamma_{H_2SiO_3} + 2\lg C_{H_2SiO_3} + 8\text{pH} \tag{3.5}$$

在反应过程中，可认为 $C_{Ca^{2+}} = 3C_{Mg^{2+}}$ 和 $2C_{Ca^{2+}} = 3C_{H_2SiO_3}$，因此式（3.5）可转化为

$$\lg C_{Ca^{2+}} = 7.866 - 4/3\text{pH} - (3\lg\gamma_{Ca^{2+}} + \lg\gamma_{Mg^{2+}} + 2\lg\gamma_{H_2SiO_3})/6 \tag{3.6}$$

表 3.1　25℃时蔷薇辉石相溶液体系中各物质的标准生成吉布斯自由能

物质	标准生成吉布斯自由能/(kJ/mol)
Ca^{2+}	−553.1
Mg^{2+}	−456.0
H^+	0
H_2SiO_3	−1012.6

续表

物质	标准生成吉布斯自由能/(kJ/mol)
$HSiO_3^-$	−955.5
SiO_3^{2-}	−877.6
$Ca_3MgSi_2O_8$	−4340.5
H_2O	−237.1

随着溶液 pH 的提高，溶液中离子的存在形式发生了变化，如反应（3.2）和反应（3.3）所示。根据上述计算方法，可求得钙的溶出浓度（$C_{Ca^{2+}}$）与溶液 pH 之间的关系：

$$\lg C_{Ca^{2+}} = 4.534 - pH - (3\lg\gamma_{Ca^{2+}} + \lg\gamma_{Mg^{2+}} + 2\lg\gamma_{HSiO_3^-})/6 \qquad (3.7)$$

$$\lg C_{Ca^{2+}} = 0.537 - 2/3pH - (3\lg\gamma_{Ca^{2+}} + \lg\gamma_{Mg^{2+}} + 2\lg\gamma_{SiO_3^{2-}})/6 \qquad (3.8)$$

在实际水溶液环境中，当 Ca^{2+}、Mg^{2+}等浓度很低时，其活度系数可认为是 1，所以式（3.6）～式（3.8）可简化为

$$\lg C_{Ca^{2+}} = 7.866 - 4/3pH \quad (pH<10.00) \qquad (3.9)$$

$$\lg C_{Ca^{2+}} = 4.534 - pH \quad (10.00 \leqslant pH \leqslant 11.99) \qquad (3.10)$$

$$\lg C_{Ca^{2+}} = 0.537 - 2/3pH \quad (pH>11.99) \qquad (3.11)$$

当溶液 pH 较低时，钙、镁等元素溶出能力增强，导致溶液中离子强度显著增大，Ca^{2+}、Mg^{2+}等的活度系数减小。因此，钙的溶出浓度的理论值比简化值大。

图 3.9 为 25℃时蔷薇辉石相中钙的溶出行为与 pH 的关系。由图 3.9 中可以看出，随着溶液 pH 的降低，钙的溶出浓度逐渐增大。当 pH<6 时，钙的溶出浓度较大，这说明蔷薇辉石相在水溶液中是一种不稳定物相。

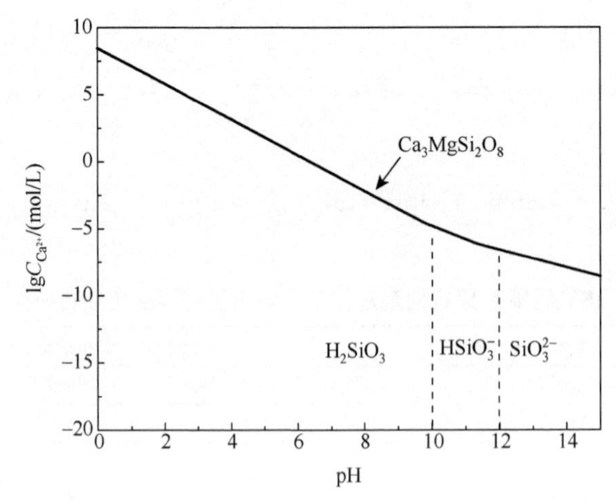

图 3.9　25℃时蔷薇辉石相中钙的溶出行为与 pH 的关系

按照上述方法可研究硅酸二钙、钙镁黄长石和钙铝黄长石等物相中钙的溶出行为。图3.10为25℃时硅酸盐相中钙的溶出行为与pH的关系。由图3.10中可以看出，硅酸二钙相、蔷薇辉石相和钙镁黄长石相在水溶液中钙的溶出浓度明显高于钙铝黄长石相。当溶液的pH<5时，钙的溶出量很大，这说明硅酸二钙相、蔷薇辉石相和钙镁黄长石相在水溶液或弱酸性溶液中难以稳定存在。

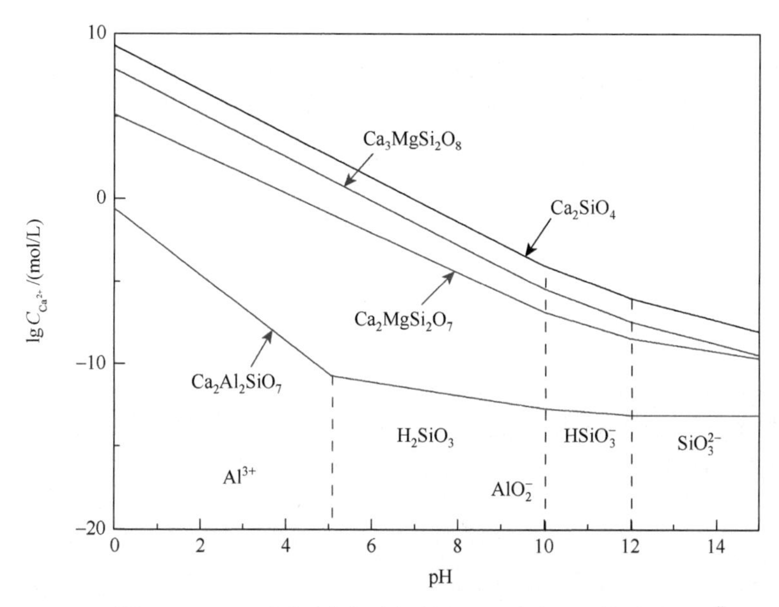

图3.10　25℃时硅酸盐相中钙的溶出行为与pH的关系

镁铬尖晶石相在水溶液体系中主要发生如下四种反应，25℃时镁铬尖晶石相溶液体系中各物质的标准生成吉布斯自由能如表3.2所示。

$$MgCr_2O_4 + 8H^+ \longrightarrow 2Cr^{3+} + Mg^{2+} + 4H_2O \tag{3.12}$$

$$MgCr_2O_4 + 6H^+ \longrightarrow 2CrOH^{2+} + Mg^{2+} + 2H_2O \tag{3.13}$$

$$MgCr_2O_4 + 4H^+ \longrightarrow 2Cr(OH)_2^+ + Mg^{2+} \tag{3.14}$$

$$MgCr_2O_4 \longrightarrow 2CrO_2^- + Mg^{2+} \tag{3.15}$$

表3.2　25℃时镁铬尖晶石相溶液体系中各物质的标准生成吉布斯自由能

物质	标准生成吉布斯自由能/(J/mol)
$MgCr_2O_4$	−1816000
Cr^{3+}	−51500
$CrOH^{2+}$	−430952
$Cr(OH)_2^+$	−632663
CrO_2^-	−535929

按照上述计算方法可求得镁铬尖晶石相中铬的溶出量与溶液pH之间的关系：

$$\lg C_{Cr^{3+}} = 1.242 - 8/3\text{pH} - (\lg\gamma_{Mg^{2+}} + 2\lg\gamma_{Cr^{3+}})/3 \tag{3.16}$$

$$\lg C_{CrOH^{2+}} = -1.288 - 2\text{pH} - (\lg\gamma_{Mg^{2+}} + 2\lg\gamma_{CrOH^{2+}})/3 \tag{3.17}$$

$$\lg C_{Cr(OH)_2^+} = -5.626 - 4/3\text{pH} - (\lg\gamma_{Mg^{2+}} + 2\lg\gamma_{Cr(OH)_2^+})/3 \tag{3.18}$$

$$\lg C_{CrO_2^-} = -16.823 - (\lg\gamma_{Mg^{2+}} + 2\lg\gamma_{CrO_2^-})/3 \tag{3.19}$$

当溶液中离子强度较低时，可认为是稀溶液。因此，$\gamma_{Mg^{2+}}$、$\gamma_{Cr^{3+}}$ 等均接近1，式（3.16）～式（3.19）可简化为

$$\lg C_{Cr^{3+}} = 1.242 - 8/3\text{pH} \quad (\text{pH} < 3.80) \tag{3.20}$$

$$\lg C_{CrOH^{2+}} = -1.288 - 2\text{pH} \quad (3.80 \leqslant \text{pH} < 6.51) \tag{3.21}$$

$$\lg C_{Cr(OH)_2^+} = -5.626 - 4/3\text{pH} \quad (6.51 \leqslant \text{pH} \leqslant 8.40) \tag{3.22}$$

$$\lg C_{CrO_2^-} = -16.823 \quad (\text{pH} > 8.40) \tag{3.23}$$

根据上述计算方法，可得到铁铬尖晶石相和镁铝尖晶石相中金属阳离子的溶出量和溶液pH之间的关系，并绘制25℃时相关尖晶石相的稳定区域图，如图3.11所示。由图3.11可知，尖晶石相在pH>2时铬的溶出量很小，几乎可以忽略不计。

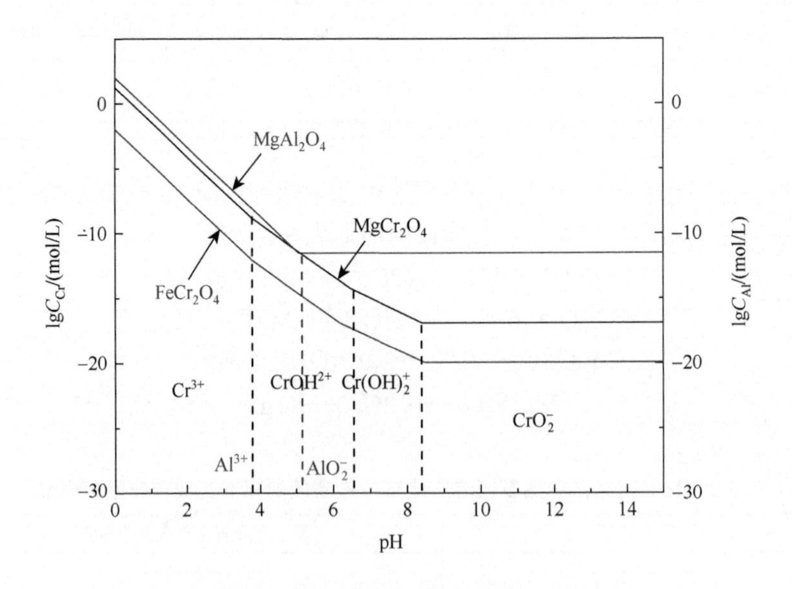

图3.11　25℃时尖晶石相的稳定区域图

图3.12为硅酸二钙相、蔷薇辉石相、钙镁黄长石相、钙铝黄长石相、镁铬尖晶石相、氧化钙相、方镁石相与强酸溶液反应的焓变及平衡常数随温度变化图。由图3.12

可知，各钙镁赋存相与强酸反应焓变小于 0，这说明不锈钢渣中的各物相均能与强酸溶液反应，且反应放热。随着溶液温度的升高，平衡常数逐渐减小，这说明温度升高不利于物相中各离子的浸出。

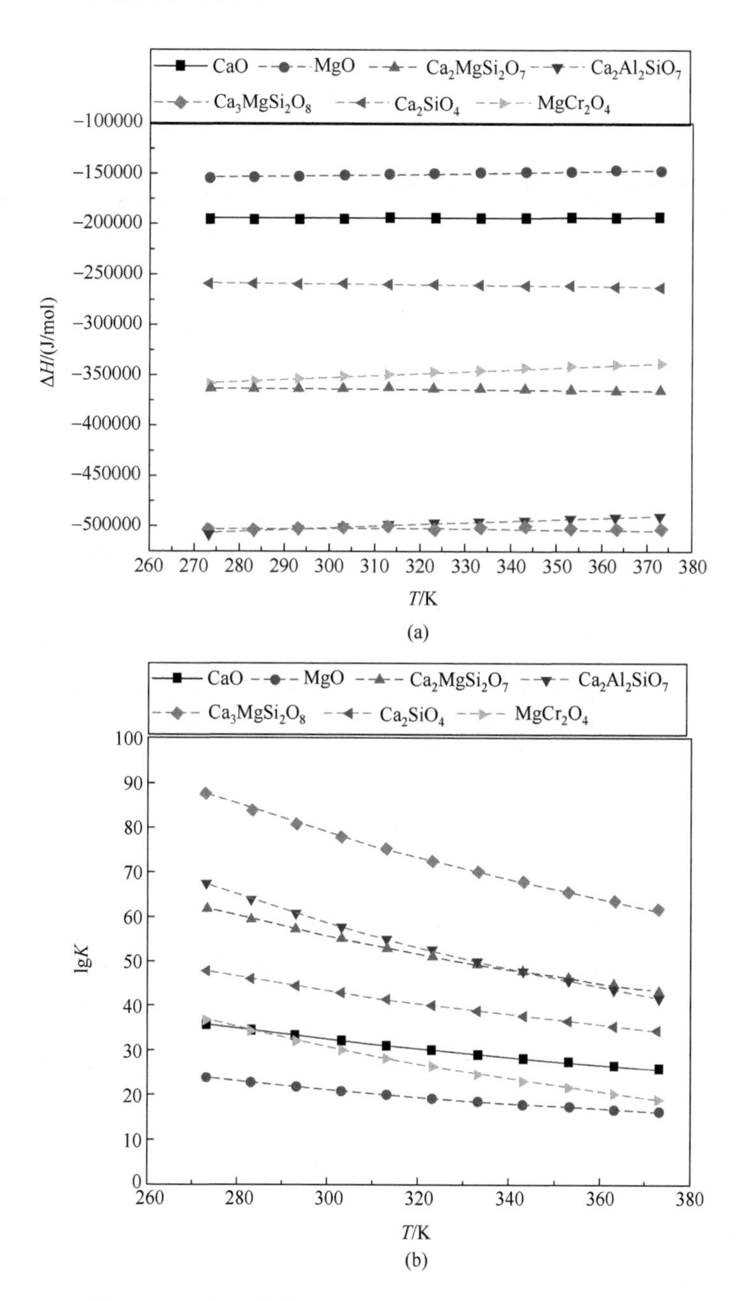

图 3.12　不锈钢渣中各物相在强酸溶液中发生化学反应

图 3.13 为硅酸二钙相、蔷薇辉石相、钙镁黄长石相、钙铝黄长石相、镁铬尖晶石相、氧化钙相、方镁石相与弱酸溶液反应的焓变及平衡常数随温度变化图。各物相与弱酸反应焓变小于 0，为放热反应，且温度升高不利于各物相中离子的

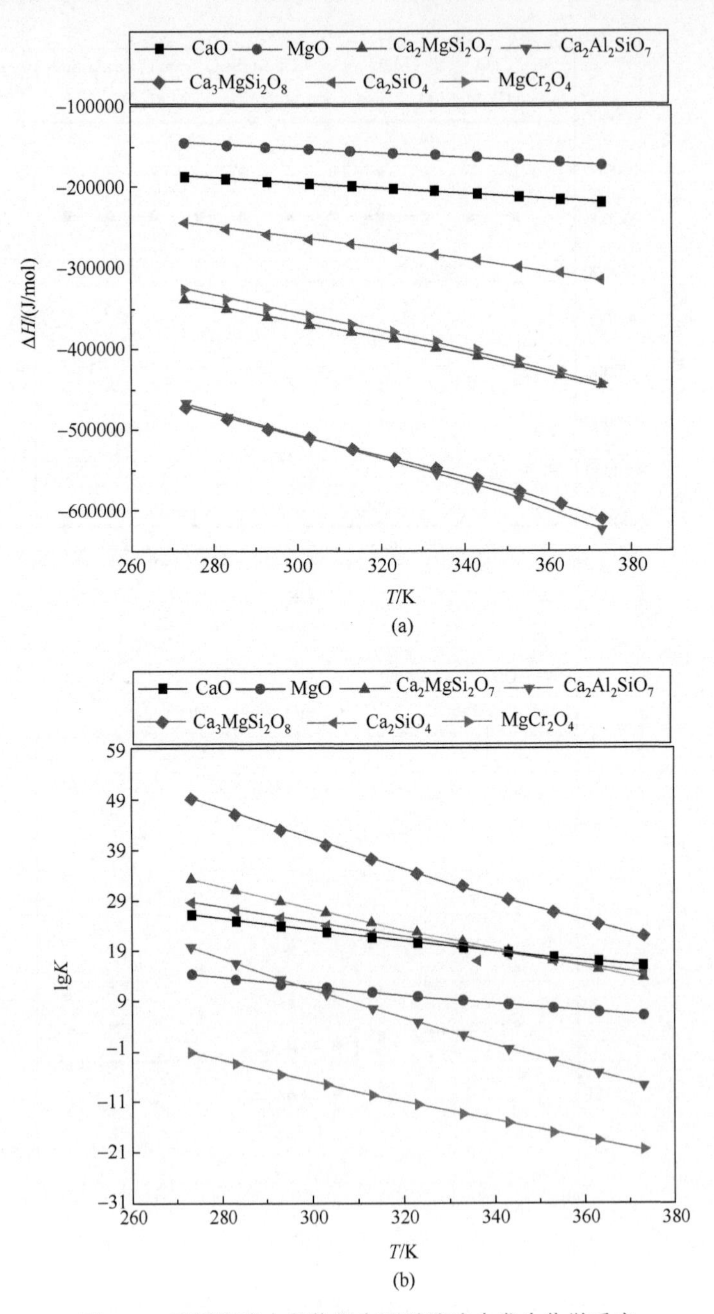

图 3.13　不锈钢渣中各物相在弱酸溶液中发生化学反应

释放。不同的是，与强酸溶液环境相比，弱酸溶液环境下各物相的平衡常数较小，尤其是镁铬尖晶石相在弱酸溶液环境下反应能力极低，稳定性较强。基于以上分析，从铬元素稳定化角度考虑，应当避免铬元素赋存在硅酸二钙相、蔷薇辉石相、钙镁黄长石相、钙铝黄长石相和 RO 相中。

3.2 相稳定性实验

3.2.1 实验原料与步骤

为进一步明确不锈钢渣中典型物相稳定性，本章合成硅酸二钙、蔷薇辉石、钙镁黄长石、钙铝黄长石、镁铬尖晶石、方镁石和氧化钙等物相并进行酸溶浸出实验。实验采用 CaO、SiO_2、MgO、Al_2O_3 和 Cr_2O_3 等分析纯试剂配制物相的原料，其中，各物相制备过程中各分析纯试剂的用量由试剂相对分子质量计算而得。将合成各物相的原料按比例称量并混匀，采用研钵将实验所用原料磨成细粉并进行筛分，取 200 目以上筛下物。把混匀、研磨、筛分后的物料称量，每 15g 为一份，用压样机在 40MPa 下压制 10min 呈饼状。在常温下将压制好的物料放在氧化铝坩埚中，升至 1400℃后，恒温 4h，按照各自冷却要求进行水冷和炉冷。具体物相合成参数如表 3.3 所示。

表 3.3 物相合成参数

合成物相	化学式	制备温度/℃	时间/h	熔点/℃	冷却方式
蔷薇辉石	$Ca_3MgSi_2O_8$	1400	4	1550	炉冷
钙镁黄长石	$Ca_2MgSi_2O_7$	1400	4	1450	炉冷
钙铝黄长石	$Ca_2Al_2SiO_7$	1400	4	1600	炉冷
硅酸二钙	Ca_2SiO_4	1400	4	2130	炉冷
镁铬尖晶石	$MgCr_2O_4$	1400	4	2135	炉冷
方镁石	MgO	1400	4	2800	炉冷
氧化钙	CaO	1400	4	2580	炉冷

对一次烧结各物相进行 X 射线衍射（X-ray diffraction，XRD）及扫描电子显微镜（scanning electron microscopy，SEM）分析，判断一次烧结物相是否为目标物相。将烧结不完全的物相重新进行破碎、研磨并压样，进行二次烧结，具体压样制度及固相烧结制度与一次烧结相同。具体实验所需设备见表 3.4。

表 3.4　试样制备所需设备

设备名称	生产厂家	备注
101C-3 恒温干燥箱	深圳市鼎鑫宜实验设备有限公司	对混合试样进行干燥
JA2003N 电子天平	福州申辉化工仪器设备有限公司	精度为 0.0001g
陶瓷纤维马弗炉	北京瀚时仪器有限公司	对 CaO 进行干燥
GSL-02Y 重烧炉	洛阳市谱瑞慷达耐热测试设备有限公司	烧结

为分析不锈钢渣中典型物相在不同环境（强酸、弱酸、盐）条件下的稳定性，本节开展制备物相在不同溶液中的浸出实验研究。实验所选强酸溶液为硝酸溶液、盐酸溶液，弱酸溶液为乙酸溶液，酸所对应的盐溶液为氯化铵溶液和乙酸铵溶液。实验所选溶液浓度如下：1mol/L 的乙酸溶液、0.5mol/L 的乙酸溶液、1mol/L 的硝酸溶液、0.5mol/L 的硝酸溶液、1mol/L 的盐酸溶液、0.5mol/L 的盐酸溶液、1mol/L 的乙酸铵溶液、0.5mol/L 的乙酸铵溶液、1mol/L 的氯化铵溶液、0.5mol/L 的氯化铵溶液、蒸馏水。

将烧结合格的物相使用玛瑙研钵研磨、筛分，取 200 目以上筛下物预备进行酸及盐溶液的浸出实验。取 5g 研磨试样，与 250mL 浓度分别为 0.5mol/L、1mol/L 的溶液混合，施加搅拌，在 25℃、转速为 500r/min 的条件下浸出 2h。浸出结束后，对浸出液进行抽滤，将所得全部抽滤液移入 500mL 容量瓶，并用蒸馏水洗涤过滤瓶，随后对浸出液进行定容。定容步骤完成后，取适量定容后稀释液存入 10mL 离心瓶中，用于滴定检测和结果分析。浸出实验所需的具体设备见表 3.5。

表 3.5　浸出实验所需设备

设备名称	生产厂家	备注
SZCL-2 数显智能控温磁力搅拌器	郑州科华仪器设备有限公司	搅拌
DF-101S 集热式恒温加热磁力搅拌器	郑州宝晶电子科技有限公司	搅拌
HH-2 数显恒温水浴锅	常州市金坛友联仪器研究所	预热至 25℃
JJ-1A 数显精密增力电动搅拌器	常州市金坛友联仪器研究所	搅拌
SHZ-D（Ⅲ）循环水式多用真空泵	上海互佳仪器设备有限公司	抽滤
蜀牛 GG-17 抽滤瓶	杭州绍峰科技有限公司	抽滤
85-2A 数显恒温测数磁力搅拌器	常州市金坛友联仪器研究所	搅拌
HS.268 电热蒸馏水器	河北德科机械科技有限公司	蒸馏水
JA203H 电子天平	常州迈科诺仪器有限公司	精度为 0.001g

Ca^{2+}、Mg^{2+}滴定用试剂如下：①遮蔽剂三乙醇胺；②氨性缓冲溶液；③铬黑

T 指示剂；④标定液乙二胺四乙酸（ethylene diamine tetraacetic acid，EDTA），14.889g 分析纯二水乙二胺四乙酸二钠溶解于适量水中，定容至 2000mL；⑤KOH 缓冲溶液；⑥钙红指示剂。

块状浸出实验示意图如图 3.14 所示。为了分析不同物相 Ca^{2+}、Mg^{2+}的浸出机理，选取块状的各物相分别浸泡在 1mol/L 的盐酸溶液中。浸出条件为 25℃，无搅拌，浸出时间为 4h。实验完成后，取出试样并用无水乙醇洗涤后烘干（160℃、2.5h），采用 SEM 及能量色散 X 射线谱（X-ray energy dispersive spectrum，EDS）观察和分析试样表面侵蚀前后物相结构的变化行为，探讨离子的溶出机理。

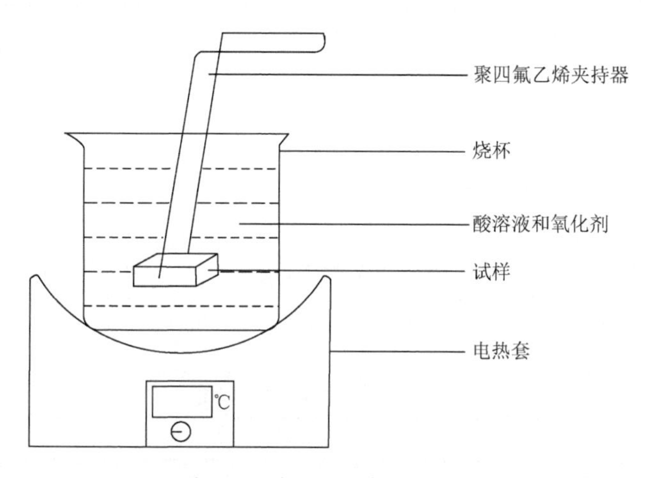

图 3.14　块状浸出实验示意图

3.2.2　检测分析方法

用移液枪移取适量浸出液于锥形瓶中，加入一定量的蒸馏水。将容器壁上的溶液全部冲入锥形瓶底部，以减小随机误差。加入遮蔽剂，并根据游离酸的含量加入缓冲溶液，使其 pH 稳定在目标值，再加指示剂开始滴定，到达终点记录消耗的滴定剂体积。浸出率计算方法如下：

$$L = \frac{M_s}{M_o} \times 100\% \tag{3.24}$$

式中，L 为物相中元素的浸出率（%）；M_s 为浸出溶液中元素的质量（g）；M_o 为初始物相中元素的质量（g）。各物相滴定操作参数如表 3.6 所示。对于仅有钙、镁一种元素的物相，以 Ca^{2+}、Mg^{2+}浸出率表征物相浸出率；对于同时含有钙、镁两种元素的物相，以 Ca^{2+}与 Mg^{2+}平均浸出率表征物相浸出率。微量离子浓度采用电感耦合等离子体发射光谱仪检测。

表 3.6　各物相滴定操作参数

物相	滴定时 pH	遮蔽剂	指示剂
蔷薇辉石	使用缓冲溶液调节至 10	—	铬黑 T 指示剂
	使用 KOH 调节至 12.5 以上	—	钙红指示剂
钙镁黄长石	使用缓冲溶液调节至 10	—	铬黑 T 指示剂
	使用 KOH 调节至 12.5 以上	—	钙红指示剂
钙铝黄长石	使用 KOH 调节至 12.5 以上	三乙醇胺 1＋4 溶液	钙红指示剂
硅酸二钙	使用 KOH 调节至 12.5 以上	—	钙红指示剂
钙镁黄长石	使用 KOH 调节至 12.5 以上	—	钙红指示剂
氧化钙	使用 KOH 调节至 12.5 以上	—	钙红指示剂
方镁石	使用缓冲溶液调节至 10	—	铬黑 T 指示剂

对一次烧结的块状物相进行 SEM 分析，观察表面形貌及晶型形成状态。对一次烧结的粉状物相进行 SEM 分析，观察烧结后是否有原料残留。对一次烧结和二次烧结物相进行 XRD 分析，通过衍射峰标定和对比，判断物相合成是否完全。检测实验所需设备如表 3.7 所示。

表 3.7　检测实验所需设备

设备名称	生产厂家	备注
岛津 XRD 仪 XRD-6100	日本岛津公司	XRD
SEM（ULTRA PLUS）	德国 Zeiss 公司	SEM-EDS
YDL-550-1A 空气压缩机	上海恒资电器有限公司	喷吹
SBC-12 型离子溅射仪	北京中科科美科技股份有限公司	表层喷金
PG-1A 金相试样抛光机	上海光学仪器厂	物相抛光

3.2.3　合成物相表征

图 3.15 为蔷薇辉石、钙镁黄长石、钙铝黄长石、硅酸二钙、镁铬尖晶石等合成物相的 XRD 图谱。由图 3.15 可知，在本烧结实验制度下，一次烧结所得的硅酸二钙相、钙铝黄长石相及钙镁黄长石相 XRD 图谱中未发现原料峰。其中，钙镁黄长石相纯度高，无须开展二次烧结。蔷薇辉石相和镁铬尖晶石相合成反应不彻底，在镁铬尖晶石相中仍存在游离的 Cr_2O_3 相，蔷薇辉石相中掺杂着部分钙镁黄长石相。除钙镁黄长石相以外，其他物相均经破碎、研磨后进行二次烧结。

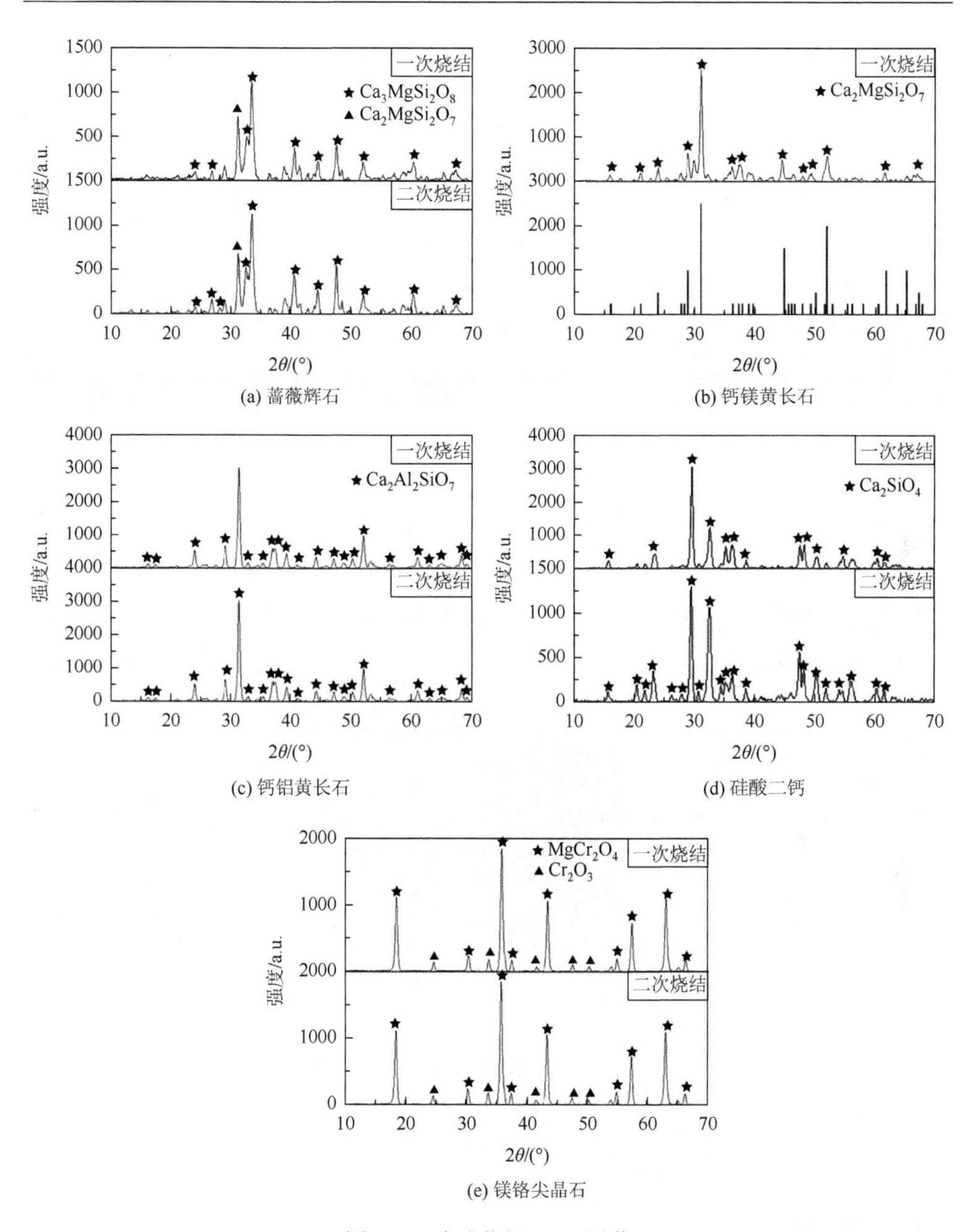

图3.15　合成物相XRD图谱

图3.16为合成物相SEM图片。结合图3.15和图3.16可知，二次烧结后，蔷薇辉石相、钙铝黄长石相、硅酸二钙相、镁铬尖晶石相的XRD图谱中均无杂质峰，且结合SEM图片及EDS分析可知，二次烧结所得的物相为纯目标物相。

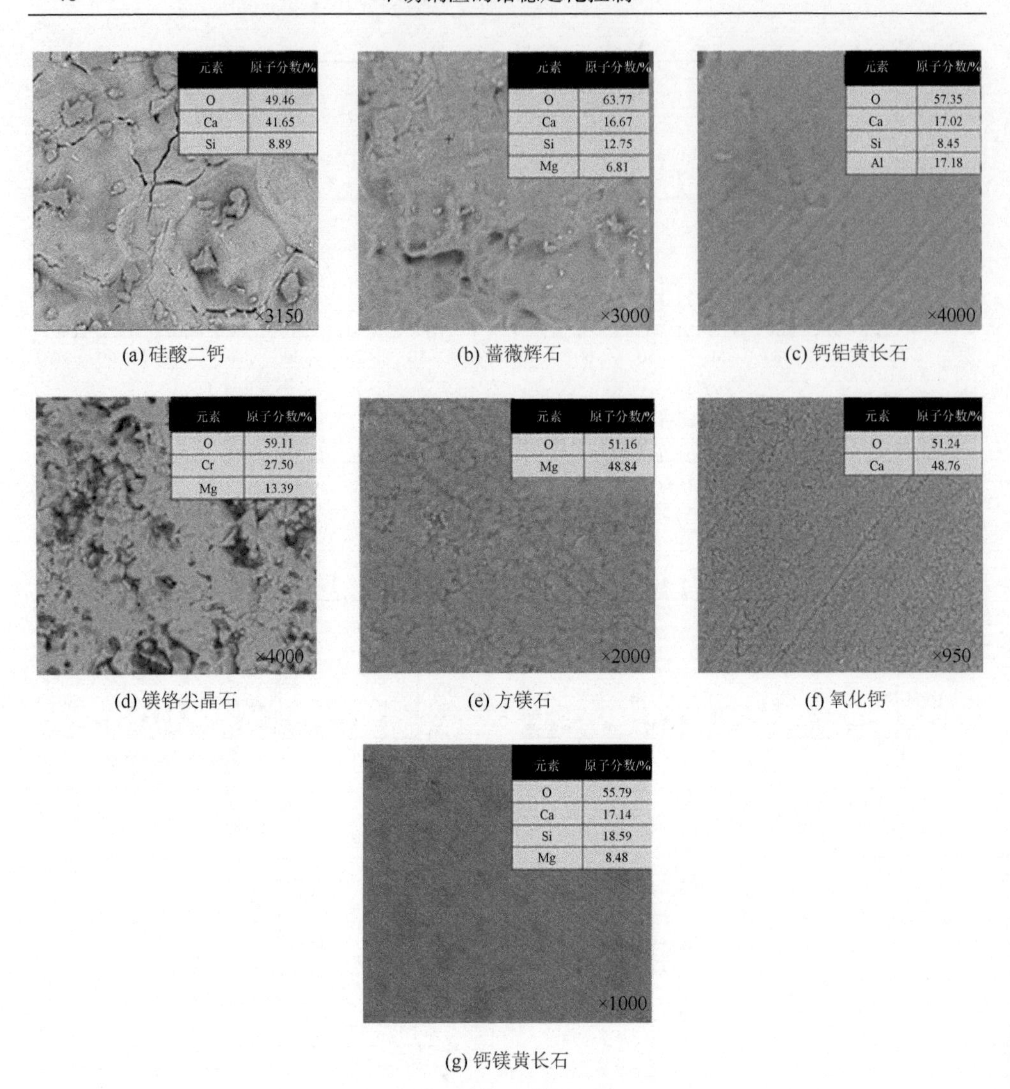

图 3.16　合成物相二次烧结 SEM 图片

3.3　相稳定性分析

3.3.1　相溶解行为

图 3.17 为合成物相分别在 0.5mol/L 和 1mol/L 的乙酸溶液中的浸出率。由图 3.17 可知，当乙酸溶液浓度分别为 0.5mol/L 和 1mol/L 时，不锈钢渣各物相的稳定性顺序一致：（氧化钙相，方镁石相，硅酸二钙相）＜（蔷薇辉石相，钙镁黄长石相）＜钙铝黄长石相＜镁铬尖晶石相。镁铬尖晶石相在两种酸性体系中均未

观测到离子释放，显示其具有较高的稳定性，是一种理想的铬封存物相。氧化钙相、方镁石相及硅酸二钙相在1mol/L的乙酸溶液中浸出率大于85%，远高于其他物相。对比1mol/L和0.5mol/L的乙酸溶液中各物相的浸出率，可发现乙酸浓度越高，物相稳定性越差。但硅酸二钙相在两种浓度的乙酸溶液中的浸出率差异不大，分别为89.78%与82.90%。这说明在该体系中硅酸二钙相受溶液浓度影响较小。

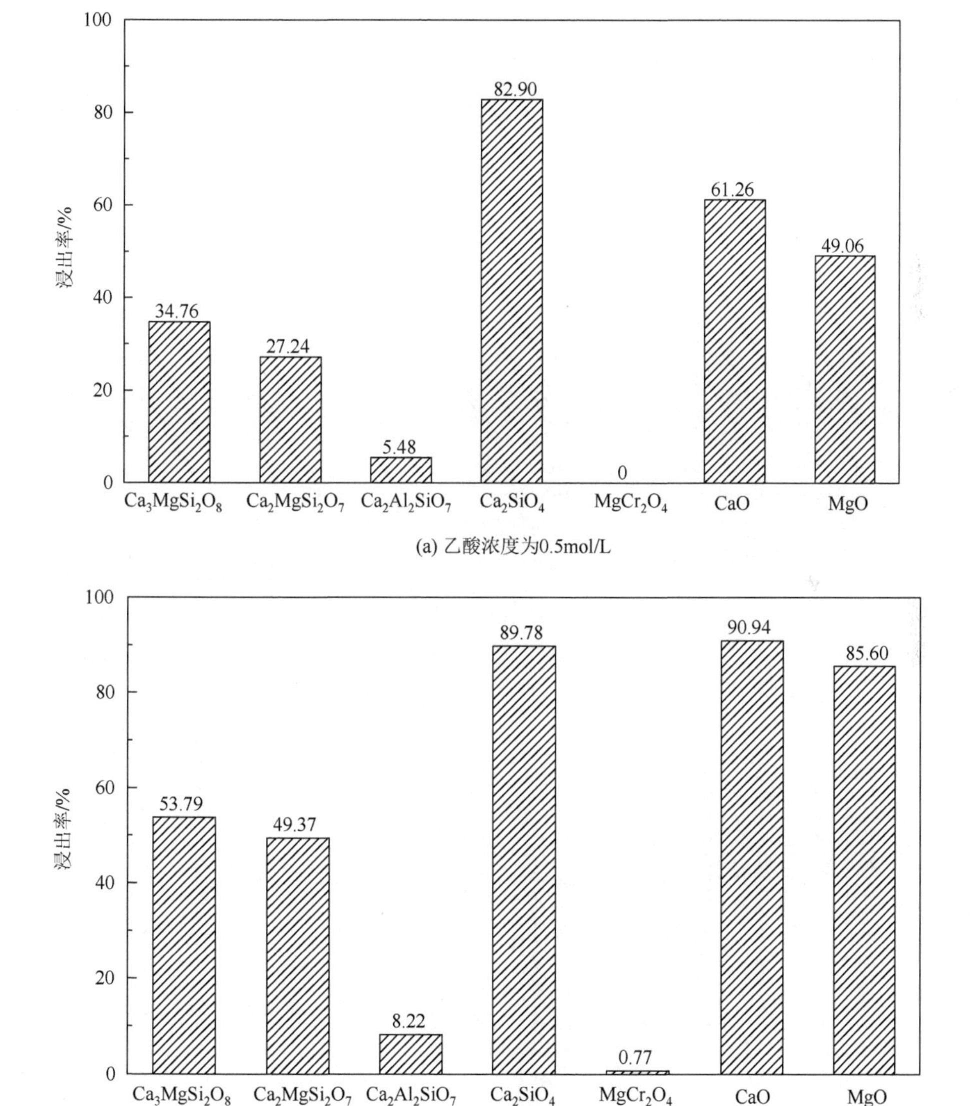

图3.17　不同浓度乙酸体系中各物相浸出率

图 3.18 为合成物相分别在 0.5mol/L 和 1mol/L 的硝酸溶液中的浸出率。由图 3.18 可知，当硝酸溶液浓度分别为 0.5mol/L 和 1mol/L 时，各物相的稳定性顺序与乙酸溶液中相似。氧化钙相、方镁石相、硅酸二钙相与蔷薇辉石相在 1mol/L 的硝酸溶液中浸出率大于 85%。在 0.5mol/L 的硝酸溶液中，氧化钙相、硅酸二钙相与蔷薇辉石相的浸出率大于 70%。其中，方镁石相受硝酸溶液浓度影响较大，

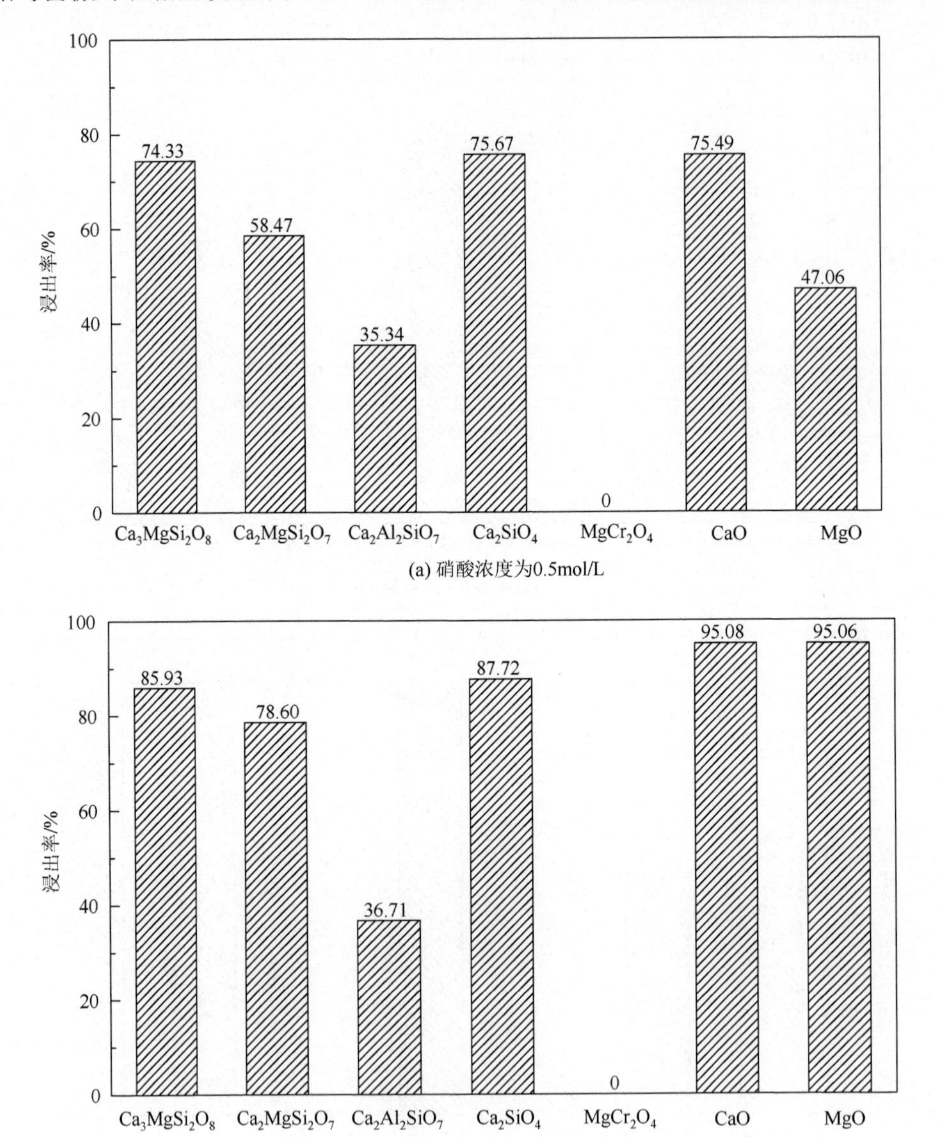

图 3.18　不同浓度硝酸体系中各物相浸出率

两个体系中的浸出率分别为 95.06%和 47.06%。无论是在 1mol/L 的酸性溶液条件下，还是在 0.5mol/L 的酸性溶液条件下，镁铬尖晶石相的离子释放率均没有明显变化。

图 3.19 为合成物相在浓度分别为 0.5mol/L 和 1mol/L 的盐酸溶液中的浸出率。由图 3.19 可知，在 1mol/L 的盐酸溶液中，氧化钙相、方镁石相、硅酸二钙相与蔷薇辉石相的浸出率大于 85%，这一结果与 1mol/L 的硝酸溶液相似。在 0.5mol/L 的

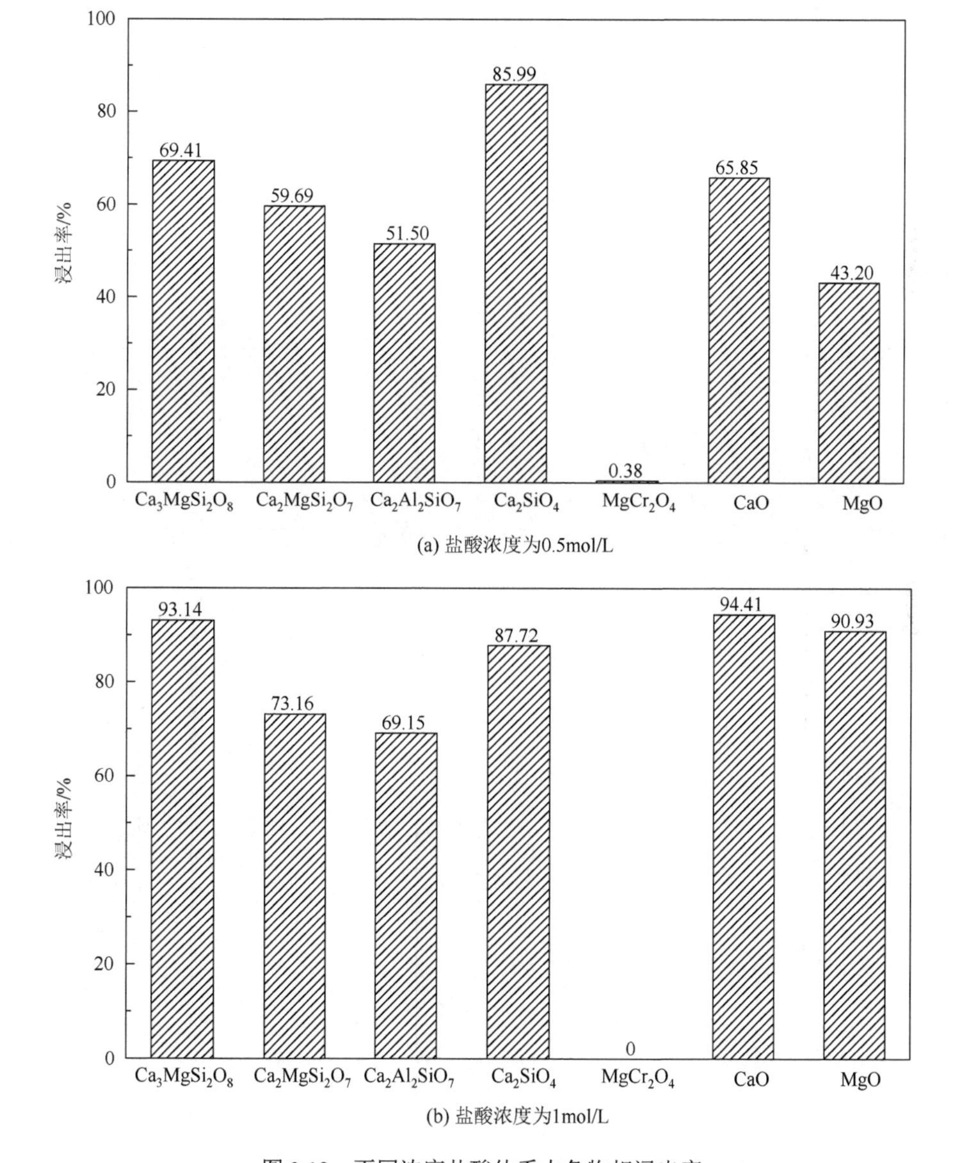

图 3.19　不同浓度盐酸体系中各物相浸出率

盐酸溶液中，硅酸二钙相的浸出率为 85.99%，几乎等同于 1mol/L 的硝酸溶液中硅酸二钙相的浸出率。

图 3.20 和图 3.21 为合成物相在 0.5mol/L 和 1mol/L 的乙酸铵、氯化铵溶液体系中的浸出率。结果表明两种铵盐体系中，氧化钙相、方镁石相与硅酸二钙相为非稳定相，其余物相浸出率较低。此外，随着铵盐溶液浓度的增加，各物相的浸出率有增大的趋势。

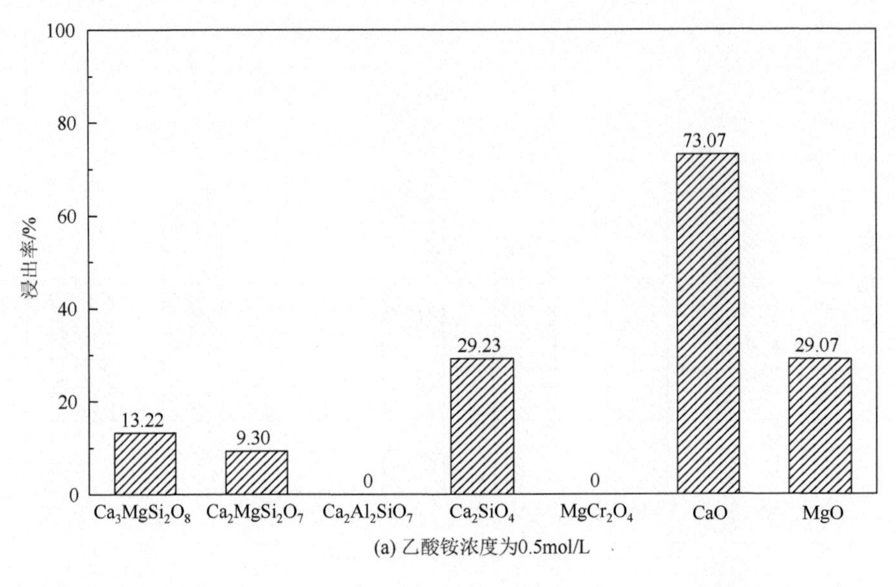

(a) 乙酸铵浓度为0.5mol/L

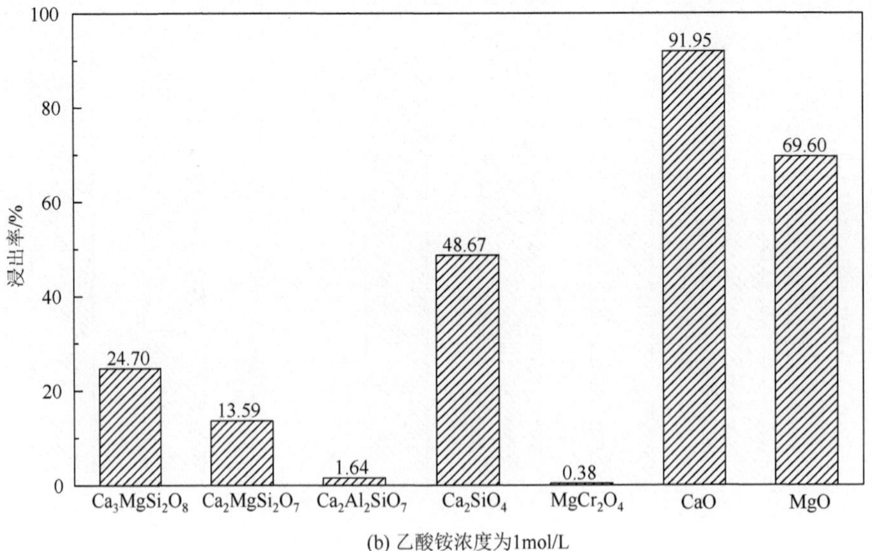

(b) 乙酸铵浓度为1mol/L

图 3.20　不同浓度乙酸铵体系中各物相浸出率

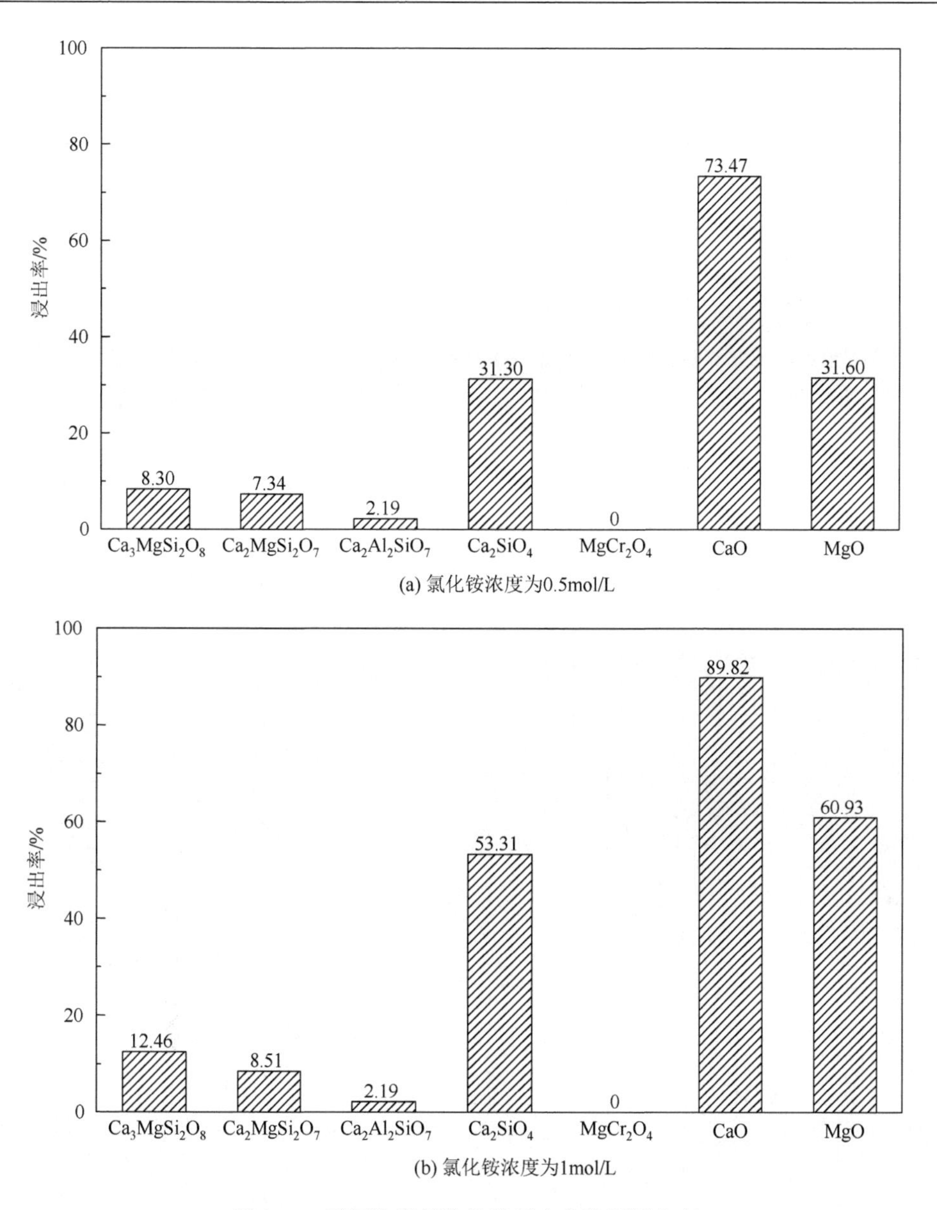

图 3.21　不同浓度氯化铵体系中各物相浸出率

综合分析各物相在不同溶液中的稳定性，发现在强酸、弱酸及铵盐溶液体系中，氧化钙相与方镁石相均具有较高的浸出率，其稳定性较差，硅酸二钙相与钙镁黄长石相在偏酸性条件下浸出率较高，蔷薇辉石相在强酸溶液中具有较高的浸出率，这说明其对溶液酸性敏感度较高，镁铬尖晶石相在各溶液体系中均具有强稳定性。

各物相稳定性差异主要是由其晶体结构差异造成的。硅酸二钙相、钙镁黄长石相、钙铝黄长石相、蔷薇辉石相属硅酸盐矿物，其晶体以硅氧四面体为结构单元。硅酸二钙相中的硅氧四面体呈自由状态，硅氧四面体中的氧为活度氧，Ca^{2+}与活度氧键连，因此Ca^{2+}较易浸出，结构稳定性较弱。钙镁黄长石相、钙铝黄长石相及蔷薇辉石相中的硅氧四面体为链状连接方式，随着链状连接方式逐渐复杂，硅氧四面体中可与阳离子键连的活度氧越来越少，因此稳定性较强。镁铬尖晶石相的晶体结构属立方晶系，氧以立方最密堆积形式排布，形成若干四面体及八面体空隙，二价金属离子在四面体空隙中，三价金属离子在八面体空隙中，结构较为稳定，分解相对困难。

图 3.22 为合成物相在不同体系中的浸出率。由图 3.22 可知，各物相在不同溶液中的稳定性不同，氧化钙相、方镁石相与硅酸二钙相在不同浓度的盐酸、硝酸、乙酸及对应的铵盐中均具有较高的浸出率，稳定性差，且随着对应溶液浓度的提高，三者的浸出率增大。蔷薇辉石相、钙镁黄长石相和钙铝黄长石相在铵盐中稳定性相对较强。镁铬尖晶石相在所研究体系中均具有较高的稳定性。

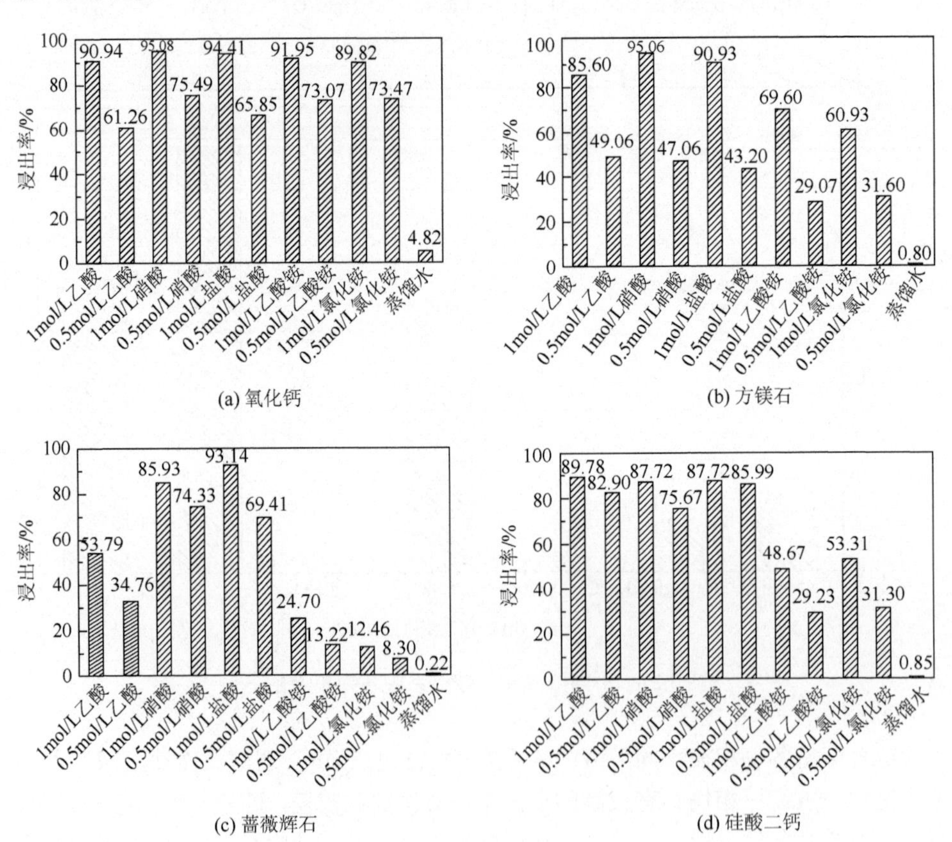

(a) 氧化钙　(b) 方镁石

(c) 蔷薇辉石　(d) 硅酸二钙

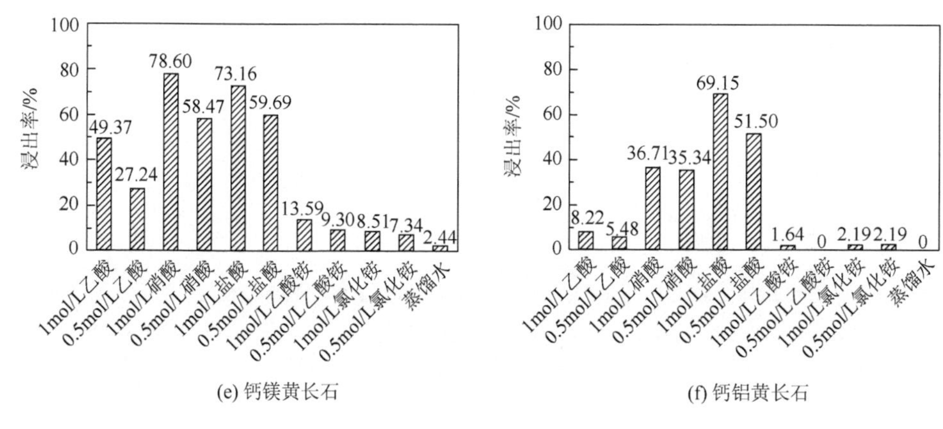

(e) 钙镁黄长石　　　　(f) 钙铝黄长石

图 3.22　各物相在不同体系中的浸出率

3.3.2　形貌演变行为

通过以上分析发现，基于其晶体结构的差异，硅酸盐相及 RO 相具有不同的浸出特性。因此，选取钙镁黄长石相、钙铝黄长石相及氧化钙相进行酸溶液表面侵蚀机理分析。选用 1mol/L 的盐酸溶液对上述三种物相进行 4h 的腐蚀实验，通过 SEM 观察腐蚀前后表面形貌特征。

图 3.23 为各物相在 1mol/L 盐酸溶液中腐蚀前后的 SEM 图片。由图 3.23（a）和（d）可知，腐蚀 4h 之后，钙镁黄长石相表面出现了明显不规则多边形腐蚀痕迹。部分区域出现一定深度的凹陷，深层侵蚀区域致密度下降。由图 3.23（b）和（e）可知，钙铝黄长石相腐蚀处理后形貌出现了明显变化，可观察到钙铝黄长石相的晶粒边界。这是由于晶界间结合力较弱，腐蚀易在此处发生，剧烈腐蚀后表面晶粒溶解或脱落，形成凹坑。由图 3.23（c）和（f）可知，氧化钙相表面形貌同样发生剧烈变化，在相同放大倍数下，基本不存在平整表面，这说明实验条件下浸出液对氧化钙相造成明显侵蚀。

(a) 钙镁黄长石原始形貌

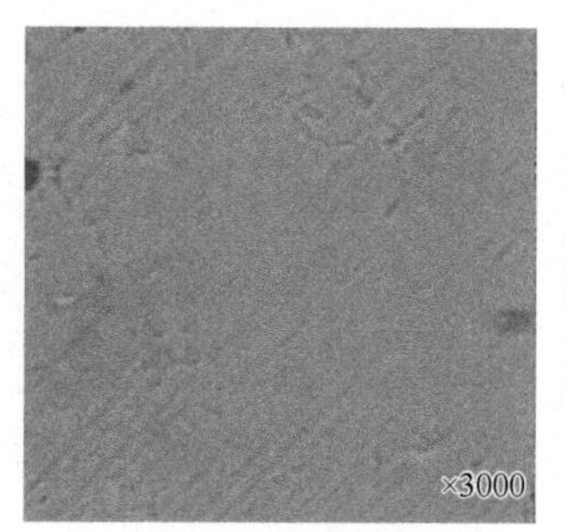

(b) 钙铝黄长石原始形貌

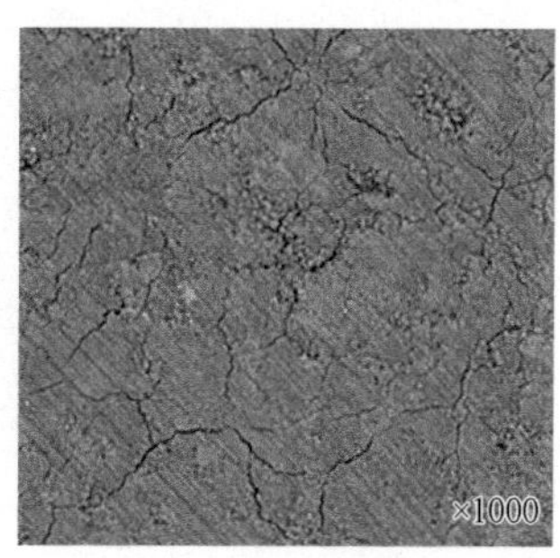

(c) 氧化钙原始形貌

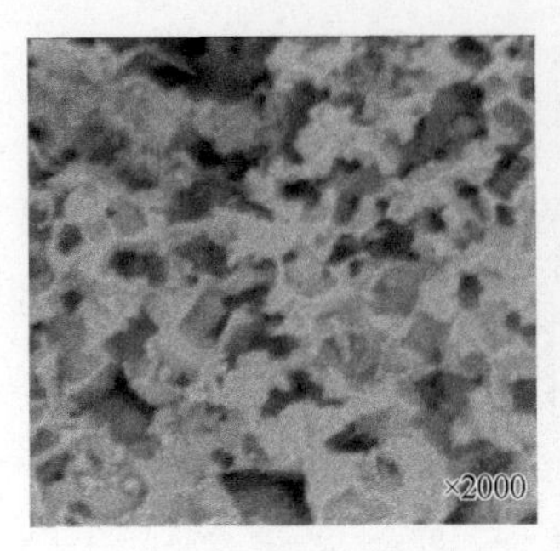

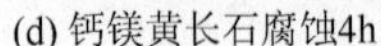
(d) 钙镁黄长石腐蚀4h

(e) 钙铝黄长石腐蚀4h

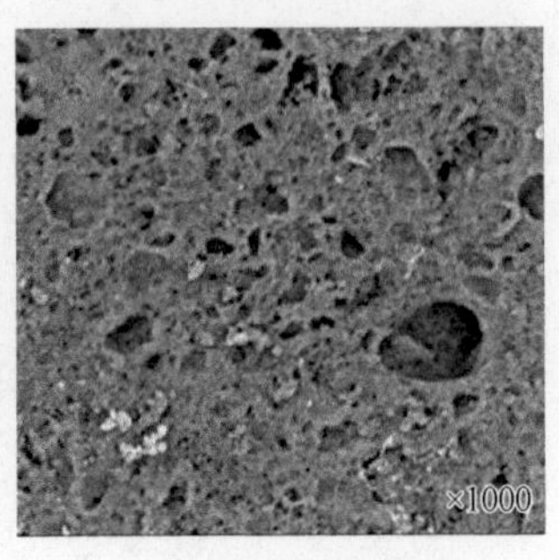

(f) 氧化钙腐蚀4h

图 3.23　各物相在 1mol/L 盐酸溶液中腐蚀前后的 SEM 图片

3.4　本章小结

本章通过理论分析，研究了不锈钢渣中典型物相的热力学稳定性，并采用烧结法制备了纯物相，在不同溶液体系中研究了物相的溶解行为和转变机制，明确了不锈钢渣的溶解特性。在本实验条件下，得到如下结论。

（1）由热力学分析可知，不锈钢渣在酸性条件下稳定性较差，多数物相会发生分解反应，尖晶石相能稳定存在于中性及碱性环境中。

（2）硅酸二钙相、蔷薇辉石相与 RO 相为非稳定相，钙镁黄长石相和钙铝黄长石相为较稳定相，尖晶石相为稳定相。

（3）不锈钢渣相分解行为受溶液性质及浓度协同作用影响。硅酸盐相和 RO 相的稳定性随溶液酸性增强而显著降低，尖晶石相在酸性和盐溶液体系中均保持较强稳定性，是铬元素在不锈钢渣中的理想赋存物相。

参考文献

[1]　Pourbaix M. Atlas of Electrochemical Equilibria in Aqueous Solutions[M]. Oxford：Pergamon Press，1966.

第 4 章　不锈钢渣中铬的赋存行为

在不锈钢生产过程中，需要向熔渣中添加一定量的石灰（CaO），以实现钢液脱磷和脱硫的目的[1]。CaO 的加入会造成不锈钢渣碱度的变化，对不锈钢渣中含铬物相组成有重要影响。随着 CaO 的溶解，CaO 会与熔渣中的 SiO_2 生成高熔点的硅酸二钙相，从而抑制 CaO 的持续溶解，导致不锈钢渣中存在一定量的未熔 CaO 相[2, 3]。在不锈钢渣处理过程中，未熔 CaO 相与水反应而产生体积膨胀，会引起粉化、扬尘，使铬等重金属离子弥散到空气中，对周边环境影响极大。因此，研究未熔 CaO 相在渣中的作用机理、转变行为及其对含铬组元的影响机制对于了解不锈钢渣污染特性，进而对其进行控制与解毒具有重要意义。

基于此，本章系统研究不同碱度条件下不锈钢渣中铬的赋存状态及其溶出行为，并探究未熔 CaO 产物层的微观形貌及物相组成，进而对不锈钢渣的污染性进行评价。

4.1　不同碱度下不锈钢渣中铬的赋存行为

4.1.1　实验原料与步骤

实验采用 CaO、SiO_2、MgO、Al_2O_3、$FeC_2O_4\cdot 2H_2O$、Cr_2O_3 和 CaF_2 等分析纯试剂制备渣样，其中，$FeC_2O_4\cdot 2H_2O$ 的用量由 FeO 折算而得。根据不锈钢渣的成分范围，选取实验渣的碱度分别为 1.0、1.5 和 2.0，各组渣样的化学成分如表 4.1 所示。

表 4.1　实验渣样的化学成分及碱度（质量分数，单位：%）

编号	CaO	SiO_2	MgO	Al_2O_3	FeO	Cr_2O_3	CaF_2
1#	38.0	38.0	9.0	4.0	3.0	5.0	3.0
2#	45.6	30.4	9.0	4.0	3.0	5.0	3.0
3#	50.6	25.4	9.0	4.0	3.0	5.0	3.0

取 20g 渣样置于石墨坩埚内的钼坩埚中，将坩埚放入管式电阻炉恒温区。实

验开始前，首先向炉内通入 10min 氩气，排出炉内空气，氩气流量为 0.5L/min；然后将温度升至 1600℃，并恒温 30min，使渣样充分熔化。分别采用两种冷却制度，具体方案如图 4.1 所示：①1600℃恒温 30min 后水淬；②从 1600℃以 3℃/min 的速度缓慢冷却至 1300℃，恒温 30min 后水淬。

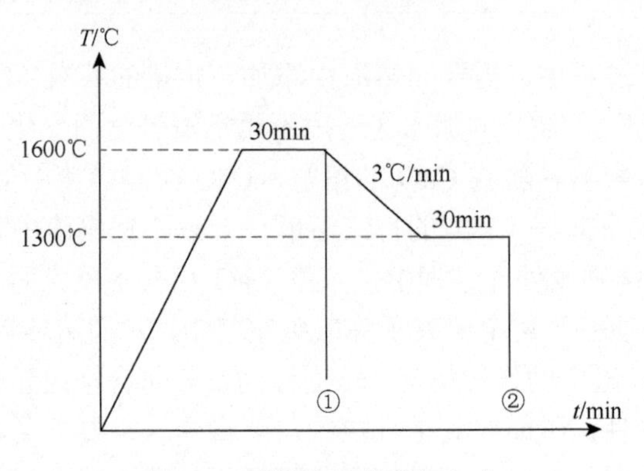

图 4.1　试样的两种冷却方式

4.1.2　检测分析方法

1. SEM 及 EDS 分析

利用 SEM 对试样的显微结构及形貌进行观测，并结合 EDS 对微区化学成分进行分析。

2. XRD 分析

采用 XRD 仪和 Xpert HighScore 多峰分离应用软件对试样进行物相组成分析。该设备以 Cu 靶为 X 射线源，管电压和电流分别为 40kV 和 100mA，步长为 0.02°，扫描速度为 12°/min。

3. 铬污染性检测

铬污染性检测采用行业标准《固体废物　浸出毒性浸出方法　硫酸硝酸法》（HJ/T 299—2007）中的水平振荡法。首先将样品置于恒温干燥箱内以 105℃烘干 24h，然后取 10g 粒度小于 9.5mm 的渣样，室温下按照液固比 10∶1 加入浸提剂中（pH＝3.20±0.05），置于转速为 30r/min±2r/min 的翻转式振荡器中，振荡时间为 18h±2h，浸出实验操作参数如表 4.2 所示。反应结束后用孔径为 0.45μm 的滤膜将浸出液进行抽滤，收集滤液后利用电感耦合等离子体发射光谱仪对总铬质量浓度进行检测，其检测限为 0.01mg/L。

表 4.2　浸出实验操作参数

参数	数值
浸提剂	硫酸 + 硝酸 + 试剂水，pH = 3.20±0.05
液固比/(L/kg)	10∶1
不锈钢渣粒径/mm	<9.5
振荡设备转速/(r/min)	30±2
振荡时间/h	18±2
温度/℃	23±2

4.1.3　热力学分析

图 4.2 为采用 FactSage 软件计算的 CaO-SiO_2-MgO-Al_2O_3-FeO-Cr_2O_3 渣系在 1200～1800℃的平衡相组成，计算所选择的数据库为 FToxide。由图 4.2 可知，尖晶石相在 1600℃以上仍可稳定存在，而不同碱度下硅酸盐相的析出行为有明显的

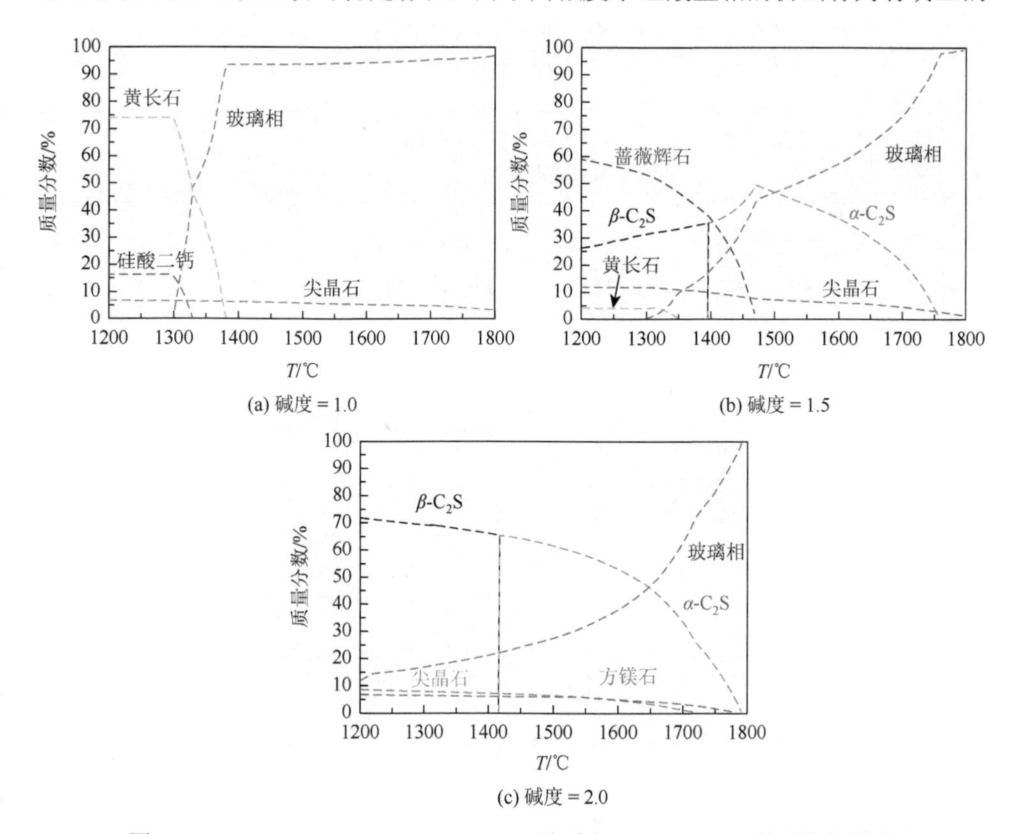

(a) 碱度 = 1.0　(b) 碱度 = 1.5　(c) 碱度 = 2.0

图 4.2　CaO-SiO_2-MgO-Al_2O_3-FeO-Cr_2O_3 渣系在 1200～1800℃的平衡相组成

差别。当碱度为 1.0 时，主要析出物相为尖晶石相（$Mg(Cr,Al)_2O_4$）、硅酸二钙相（Ca_2SiO_4，C_2S）和黄长石相（$Ca_2MgSi_2O_7$、$Ca_2Al_2SiO_7$）。其中，黄长石相的析出温度为 1380℃左右。当碱度提高至 1.5 时，主要的析出物相为尖晶石相、硅酸二钙相、蔷薇辉石相（$Ca_3MgSi_2O_8$）和少量黄长石相。其中，硅酸二钙相在 1600℃以上即可存在，并在 1400℃左右发生晶型转变（α-C_2S→β-C_2S）；蔷薇辉石相在 1450℃左右可以析出，且随着温度的降低逐步转变为主要物相。当碱度为 2.0 时，除了析出的硅酸二钙相和尖晶石相，还有一定量的方镁石相（MgO）析出。

4.1.4　物相组成

图 4.3 为 1600℃时不同碱度淬冷渣样的 SEM 图片。由图 4.3 可知，当碱度为 1.0 时（1#试样），渣样呈现单一的玻璃相。当碱度为 1.5 时（2#试样），物相组成与碱度为 1.0 时有明显不同。由 EDS 分析结果可知，2#试样中析出了不规则的尖晶石相和条状硅酸二钙相。不锈钢渣中的铬元素在尖晶石相、玻璃相和硅酸二钙相中均有

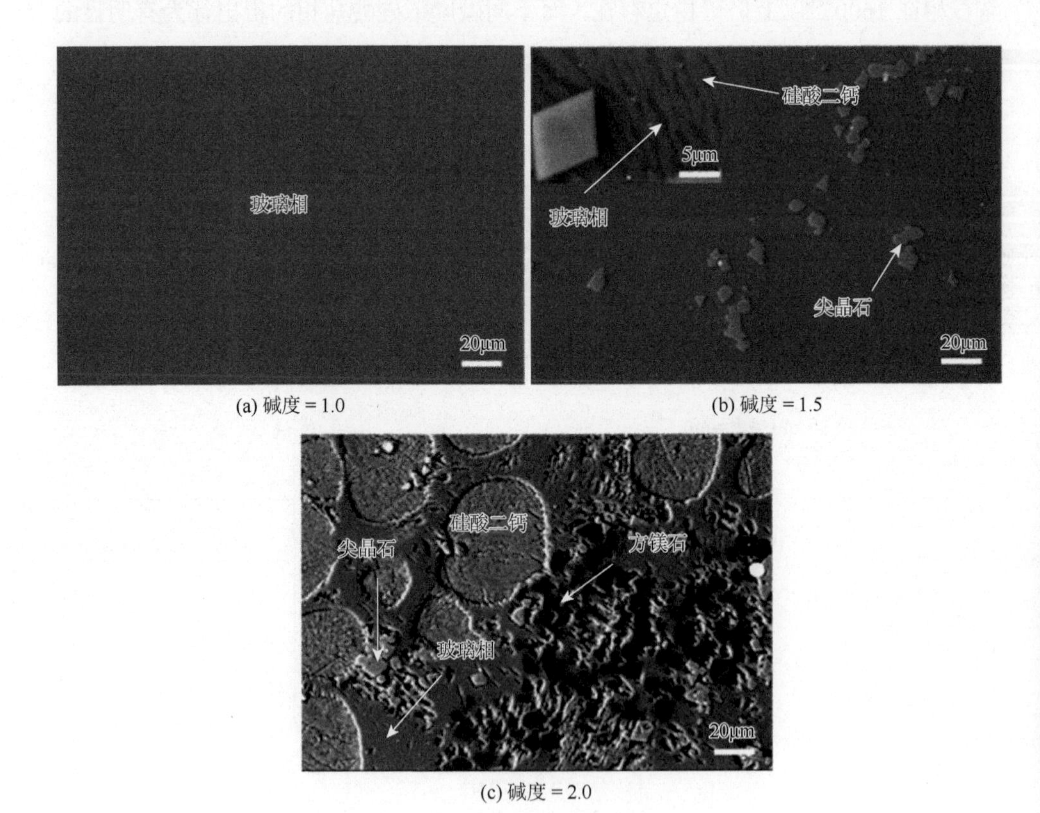

(a) 碱度 = 1.0　(b) 碱度 = 1.5

(c) 碱度 = 2.0

图 4.3　1600℃淬冷渣样的 SEM 图片

大量分布，其中，玻璃相中铬的质量分数达到 2.62%。尖晶石相以 $Mg(Cr,Al)_2O_4$ 形式存在，平均粒径不到 10μm。当碱度为 2.0 时（3#试样），主要的析出物相为尖晶石相、硅酸二钙相和方镁石相。其中，硅酸二钙相和玻璃相中均没有检测到铬元素，铬除富集于尖晶石相之外，方镁石相固溶了 15.21%的铬。

图 4.4 为 1300℃不同碱度淬冷渣样的 SEM 图片。由图 4.4 可以看出，当碱度为 1.0 时（1#试样），析出物相为尖晶石相与黄长石相。由 EDS 分析可知，玻璃相中含有 5.35%的铬。当碱度为 1.5 时（2#试样），主要析出相为尖晶石相与蔷薇辉石相。此时大部分铬元素赋存于尖晶石相中，玻璃相中铬质量分数约为 0.92%，而蔷薇辉石相中没有检测到铬元素。当碱度为 2.0 时（3#试样），铬赋存于尖晶石相和方镁石相中，但与 1600℃淬冷渣样相比，方镁石相中的铬质量分数降低至 10.61%。这是由于温度下降，Cr_2O_3 在 MgO 中的固溶量降低[4]。

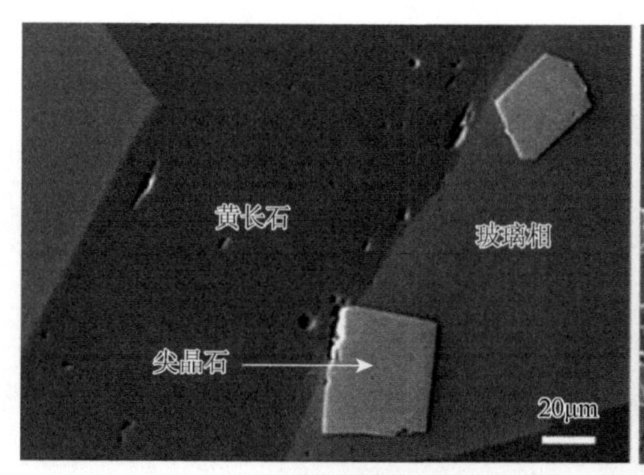

(a) 碱度 = 1.0

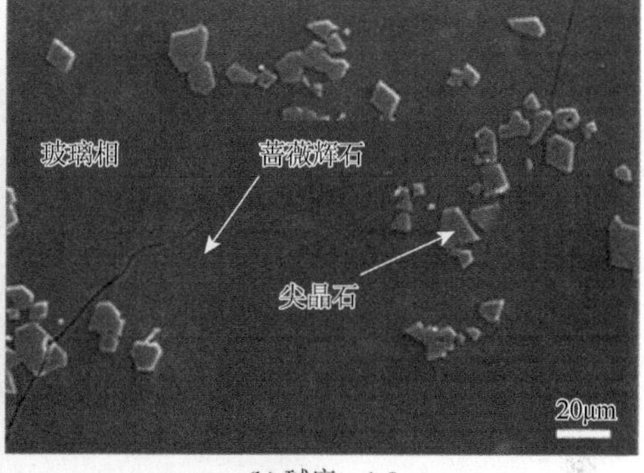

(b) 碱度 = 1.5

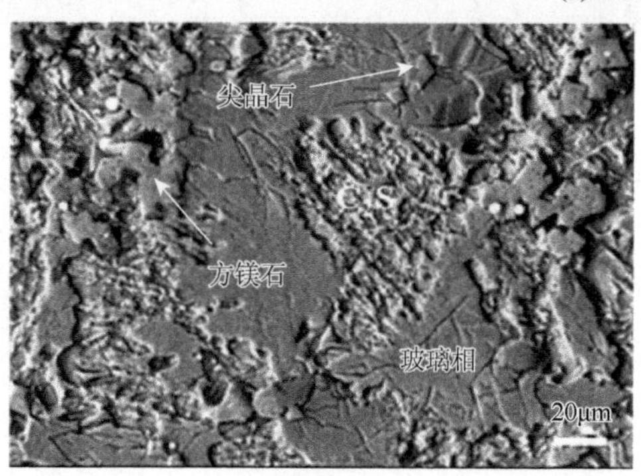

(c) 碱度 = 2.0

图 4.4　1300℃淬冷渣样的 SEM 图片

图 4.5 为 1300℃淬冷渣样的 XRD 图谱。由图 4.5 可知，碱度为 1.0 时，试样中的物相组成主要为尖晶石相和黄长石相。碱度为 1.5 时，物相组成转变为尖晶石相和蔷薇辉石相。当碱度进一步提高至 2.0 时，主要物相组成转变为尖

晶石相、硅酸二钙相和方镁石相。XRD 分析结果与热力学分析及 SEM-EDS 分析结果一致。

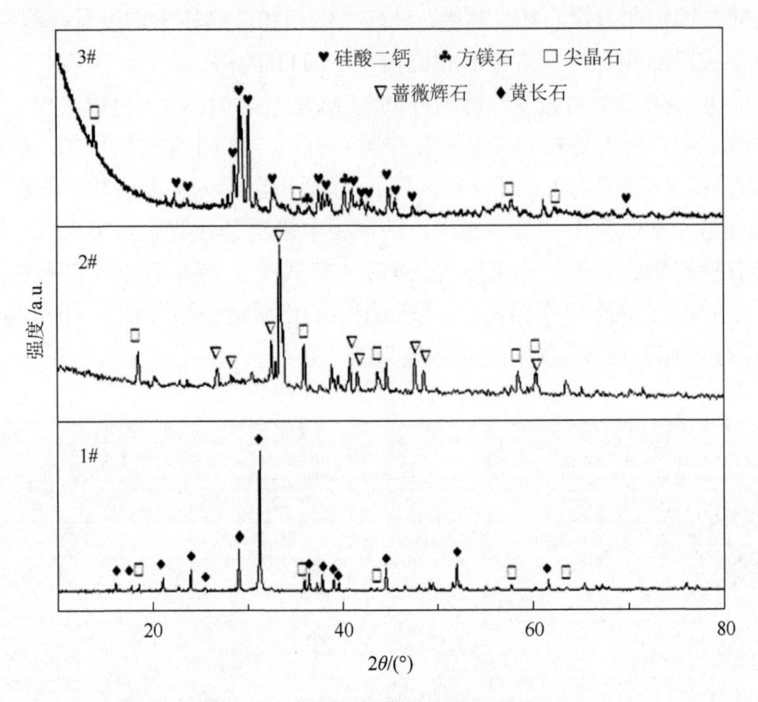

图 4.5　1300℃淬冷渣样的 XRD 图谱

4.1.5　铬分布规律

实验采用 SEM 选取的多个视场分析物相的化学组成，取平均值作为物相的成分组成。根据质量守恒定律，利用最小二乘法计算各物相的质量分数及铬元素在各物相中的富集度，研究不同碱度下渣样中铬的分布规律。具体计算方法如下：

$$AX = b, A^{\mathrm{T}}AX = A^{\mathrm{T}}b, X = (A^{\mathrm{T}}A)^{-1}A^{\mathrm{T}}b \tag{4.1}$$

$$A = \begin{bmatrix} a_1 & b_1 & c_1 & \cdots & t_1 \\ a_2 & b_2 & c_2 & \cdots & t_2 \\ a_3 & b_3 & c_3 & \cdots & t_3 \\ \vdots & \vdots & \vdots & & \vdots \\ a_n & b_n & c_n & \cdots & t_n \end{bmatrix}, \quad X = \begin{bmatrix} X_1 \\ X_2 \\ X_3 \\ \vdots \\ X_n \end{bmatrix}, \quad b = \begin{bmatrix} m_1 \\ m_2 \\ m_3 \\ \vdots \\ m_n \end{bmatrix} \tag{4.2}$$

式中，X_n 为某一物相的质量分数（%）；t_n 为物相中某一元素的质量分数（%）；m_n为初始渣样中某一元素的质量分数（%）。

为了保证各相累计质量分数为 100%，需进行归一化处理。

$$X_i^* = \frac{X_i}{\sum_{i=1}^{n} X_i} \tag{4.3}$$

式中，X_i^* 为归一化后特定物相的质量分数（%）。

基于以上计算结果可求得铬元素在每种物相中的富集度：

$$D_{\mathrm{Cr},i} = \frac{(\%\,\mathrm{Cr})_i X_i^*}{\sum_{i=1}^{n} (\%\,\mathrm{Cr})_i X_i^*} \tag{4.4}$$

式中，$(\%\mathrm{Cr})_i$ 为特定物相中铬的质量分数（%）。

图 4.6 为不锈钢渣中铬元素在各物相中的富集度。由图 4.6 可知，当碱度为 1.0 时，1600℃下铬完全赋存于玻璃相中，缓冷至 1300℃时部分铬元素以尖晶石相析出，仍有约一半的铬元素存在玻璃相中。碱度的提升有利于铬元素在尖晶石相中的富集。当碱度为 1.5 时，缓冷至 1300℃，铬在尖晶石相中的富集度达到 91.2%。当碱度为 2.0 时，除尖晶石相外，部分铬元素赋存在方镁石相中。研究发现，缓慢冷却能促进铬向尖晶石相迁移，这与 Bartie[5]的研究结果一致。

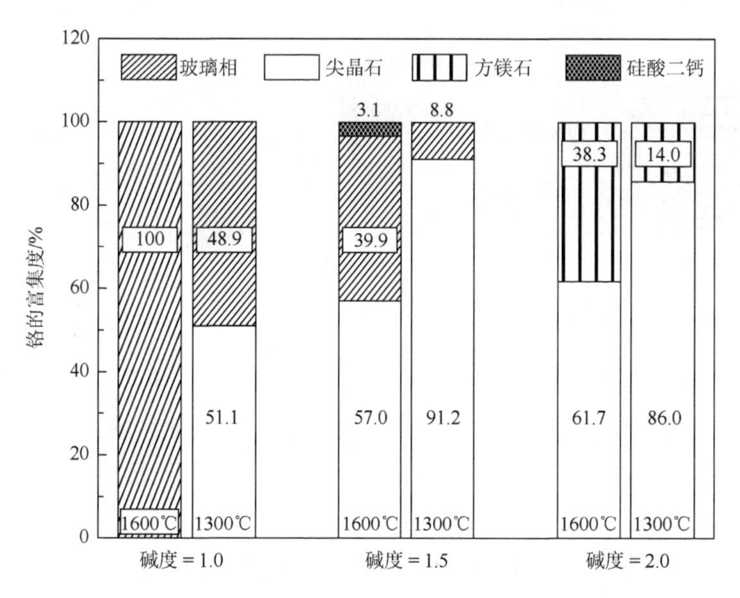

图 4.6　试样中铬元素在各物相中的富集度

Arnout 等[6]指出熔渣碱度的提高有利于增大渣中 MgO 的活度，改变尖晶石相析出的热力学条件，从而降低铬在液相中的溶解度，这与本实验结果一致。但随着碱度的进一步提高，MgO 的活度继续增大，并在渣中趋向饱和状态，最终以方镁石相的形式析出。MgO 在高温下会固溶 Cr_2O_3，形成含 Cr_2O_3 的方镁石相。因此，碱度由 1.5 提高到 2.0 时，铬元素在尖晶石相中的富集度降低[6]。

4.1.6　铬溶出行为

图 4.7 为不同不锈钢渣试样中铬元素的溶出行为。由图 4.7 可知，在 1600℃淬冷的情况下：当碱度为 1.0 时，试样呈现单一的玻璃态；当碱度提高至 1.5 时，57.0%和 3.1%的铬分别赋存到尖晶石相和硅酸二钙相中，铬的溶出量从 2.82mg/L 减小至 2.26mg/L，玻璃相是铬元素的非稳定相，而铬向尖晶石相富集可抑制铬的溶出；当碱度为 2.0 时，38.3%的铬赋存于方镁石相中，铬的溶出量达到 3.68mg/L，这说明含铬方镁石相的形成对铬的稳定化不利。在 1300℃淬冷的情况下，在碱度为 1.0、1.5 和 2.0 的三组试样中，铬在尖晶石相中的富集度分别为 51.1%、91.2%和 86.0%，在碱度为 1.5 时试样中铬的溶出量最小，仅为 0.62mg/L。

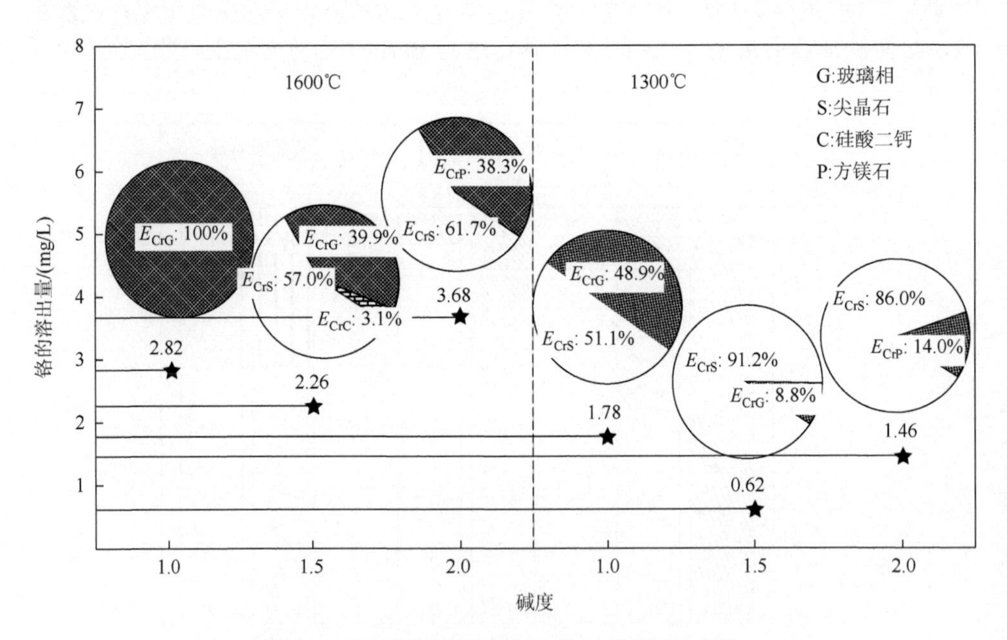

图 4.7　不同不锈钢渣试样中铬元素的溶出行为

由以上结果可知，随着碱度的变化，不锈钢渣中的铬元素可赋存于多种物相中，且在碱度为 1.5 时有利于铬向尖晶石相富集，减小铬的溶出量。然而，不锈钢渣中的铬在不同碱度条件下均有明显的溶出，这限制了不锈钢渣在工业上的利用，给不锈钢渣的资源化利用带来了困难。

4.2　未熔 CaO 相对不锈钢渣中铬赋存行为的影响

4.2.1　实验原料与步骤

实验渣样的化学成分（碱度为 1.5）如表 4.3 所示，其中，S1 渣样作为不含铬的空白对照试样，S2 渣样的化学组成为典型的不锈钢渣成分。按照表 4.3 配制渣样并均匀混合，置于干燥箱内，在 110℃下烘干 2h。同时，将化学纯 CaO 粉末压制成长×宽×高为 6mm×6mm×8mm 的块状渣样，用以模拟未熔 CaO 相。

表 4.3　实验渣样的化学成分（质量分数，单位：%）

编号	CaO	SiO_2	MgO	Al_2O_3	FeO	Cr_2O_3	CaF_2
S1	48.6	32.4	9.0	4.0	3.0	0	3.0
S2	45.6	30.4	9.0	4.0	3.0	5.0	3.0

取 30g 渣样置于石墨坩埚内的钼坩埚中，将坩埚放入管式电阻炉恒温区。实验开始前，首先向炉内通入 10min 氩气，排出炉内空气，氩气流量为 0.5L/min。然后将温度升至 1600℃，并恒温 30min，使渣样充分熔化。将固定在钼棒上的 CaO 块状试样加入熔融渣中，并开始计时。反应 20min 后，从炉内取出试样，淬冷。待试样完全冷却之后，打磨、抛光试样，用于检测分析。检测分析方法同 4.1.2 节。

4.2.2　界面微观结构

为了研究未熔 CaO 相对不锈钢渣中铬元素迁移及赋存行为的影响规律，对试样中 CaO 与熔渣界面处的显微结构进行分析。图 4.8（a）为 1600℃下 CaO 与 S1 熔渣（不含 Cr_2O_3）界面区的 SEM 图片。由图 4.8（a）可知，在 CaO 与 S1 熔渣之间形成了两个明显的产物层。靠近 CaO 侧的产物层厚度约为 10μm，而靠近熔渣侧的产物层厚度为 60～80μm。图 4.8（b）为 CaO 与熔渣产物层法线方向的线扫描结果，得到 Ca、Mg、Si、Al 等元素在产物层间的浓度变化趋势。由图 4.8（b）可知，在 CaO 侧产物层中 Mg 元素的浓度较高，而 Ca 和 Si 等元素的浓度极低；在熔渣侧产物层中 Ca、Si 元素的浓度较高，Mg 元素的浓度较低。

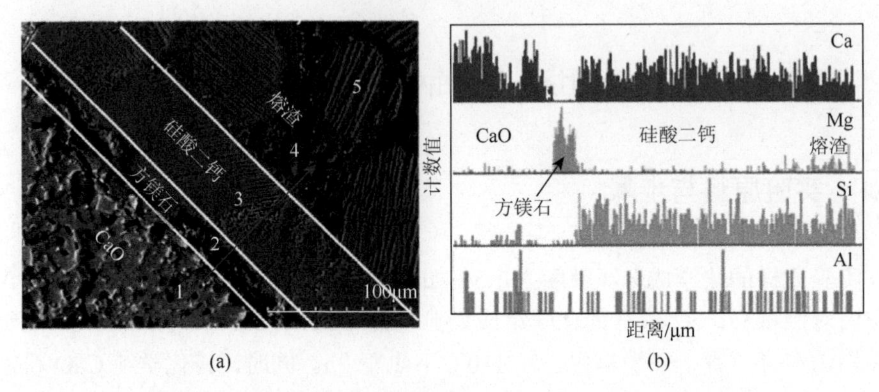

(a) (b)

图 4.8　CaO 与 S1 熔渣界面区的 SEM 图片及线扫描分析

表 4.4 给出了图 4.8（a）中各区域的 EDS 分析结果，位置 1 表示未熔 CaO，位置 4 和位置 5 表示熔渣本体。由 EDS 分析结果可知，在 CaO 侧形成的为方镁石相层，在熔渣侧形成的为硅酸二钙相层。

表 4.4　CaO 与 S1 熔渣界面区的 EDS 分析（质量分数，单位：%）

位置	Ca	Si	Mg	Al	O	物相
1	56.09	4.25	—	—	39.66	CaO
2	4.50	—	56.08	4.15	35.27	方镁石
3	49.53	18.56	—	—	31.91	硅酸二钙
4	42.18	15.45	5.59	2.26	34.52	渣（玻璃相）
5	52.84	19.71	—	—	27.45	渣（硅酸二钙）

图 4.9 为在 1600℃下 CaO 与 S2 熔渣（含 5%Cr_2O_3）界面区的 SEM 图片。由图 4.9 可知，在 CaO 与 S2 熔渣之间存在产物层，其微观结构与 S1 熔渣明显不同。表 4.5 为 CaO 与 S2 熔渣界面区 EDS 分析结果。由表 4.5 可知，除方镁石相和硅酸二

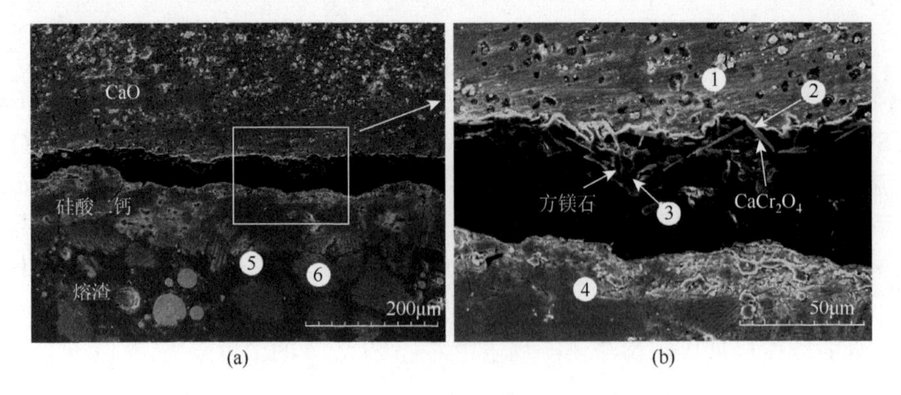

(a) (b)

图 4.9　CaO 与 S2 熔渣界面区的 SEM 图片

钙相外，在方镁石相中析出了大量的针状物相。结合 EDS 分析结果和形状特征，认为该物相为 $CaCr_2O_4$[7]，同时发现析出的方镁石相中固溶少量的铬元素。

表 4.5　CaO 与 S2 熔渣界面区的 EDS 分析（质量分数，单位：%）

位置	Ca	Si	Mg	Al	Cr	O	物相
1	58.93	—	—	—	—	41.07	CaO
2	18.14	—	3.16	1.93	41.05	35.72	$CaCr_2O_4$
3	—	—	61.72	—	7.30	30.98	方镁石
4	34.44	12.57	—	—	—	52.99	硅酸二钙
5	37.14	17.71	6.28	2.31	—	36.56	渣
6	48.40	17.01	—	—	—	34.59	渣（硅酸二钙）

图 4.10 为 S1 和 S2 渣样与 CaO 块反应后的 XRD 图谱。由图 4.10 可知，S1 和 S2 渣样主物相均为硅酸二钙相、蔷薇辉石相、氧化钙相、方镁石相。在含 5%Cr_2O_3 的 S2 渣样中出现了明显的尖晶石相和 $CaCr_2O_4$ 衍射峰。结合 XRD 图谱和 SEM-EDS 分析结果可知，当不锈钢渣中存在未熔 CaO 相时，在 CaO 与熔渣界面区会析出含铬的方镁石相和 $CaCr_2O_4$ 相产物层。

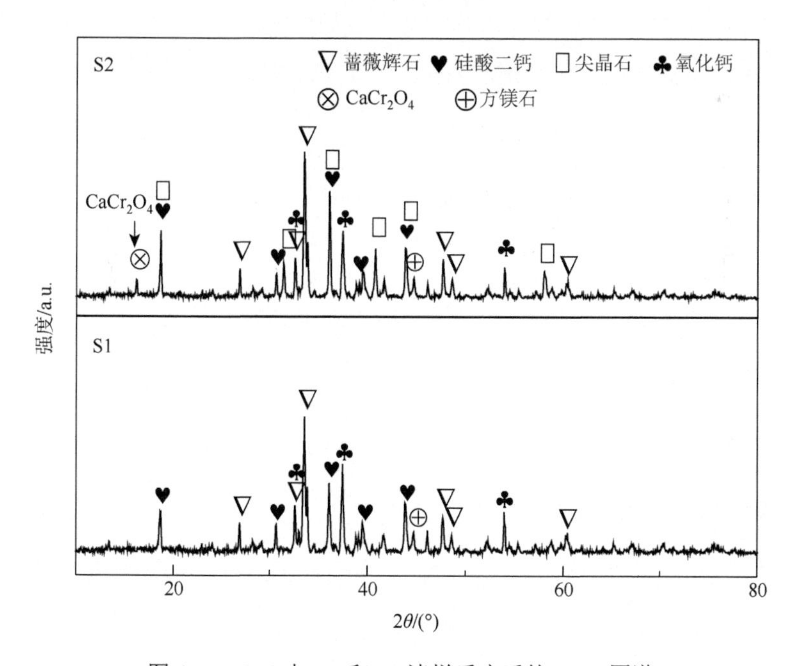

图 4.10　CaO 与 S1 和 S2 渣样反应后的 XRD 图谱

4.2.3　产物层形成机制

图 4.11 为 $CaO\text{-}SiO_2\text{-}MgO\text{-}4\%Al_2O_3$ 渣系在 1600℃下的等温截面图。由图 4.11 可知，当渣中 MgO 质量分数为 9%时，随着熔渣碱度的提高，熔渣逐渐从单一液相区（L）向液相、硅酸二钙相和方镁石相（$L + Ca_2SiO_4 + MgO$）的多相共存区转变。表 4.6 给出了方镁石相和硅酸二钙相在 1600℃下 S1 和 S2 渣样中析出的碱度条件。对于 $CaO\text{-}SiO_2\text{-}MgO\text{-}Al_2O_3$ 的 S1 渣样，硅酸二钙相析出的理论初始碱度为 1.3。碱度升高会导致体系 MgO 饱和度下降，当碱度超过 1.6 后，方镁石相从渣中析出。本章设计的 S1 渣样成分点落在液相和硅酸二钙相的两相共存区内（★标注）。加入 CaO 后，其溶解扩散会导致周边熔渣碱度剧烈上升，CaO 附近的成分在等温截面图中会落在 CaO 与 MgO 共存区内，因此在 CaO 侧形成了方镁石产物层。在方镁石产物层与熔渣本体之间随渣中 CaO 活度的变化会析出硅酸二钙产物层（熔渣侧）。

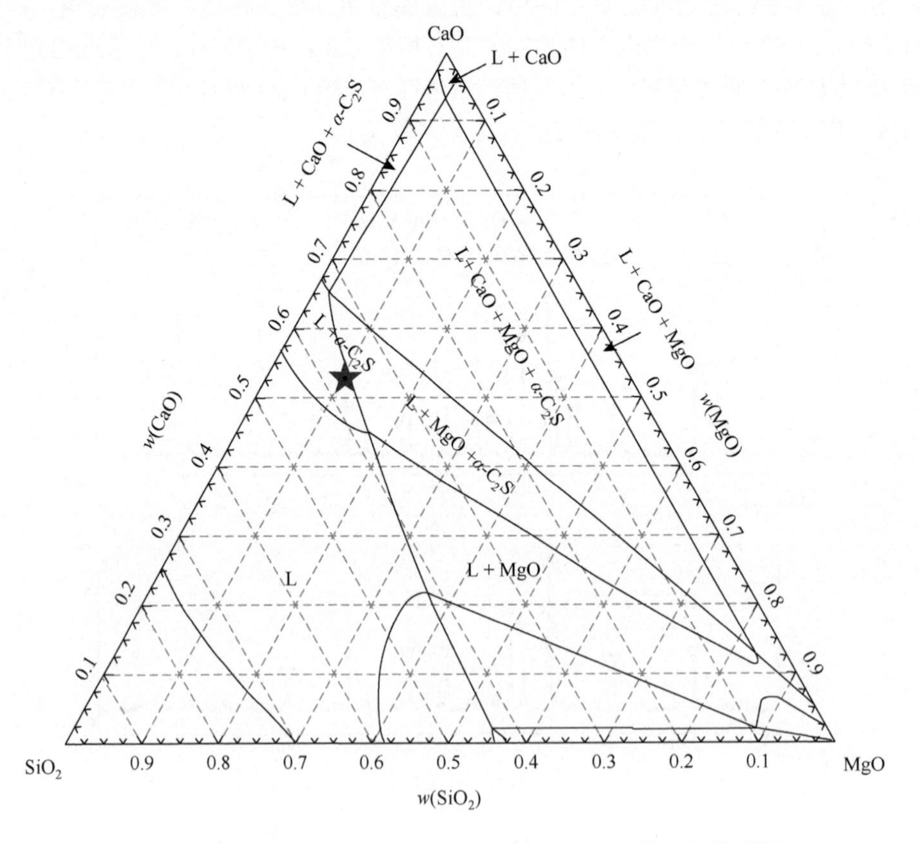

图 4.11　$CaO\text{-}SiO_2\text{-}MgO\text{-}4\%Al_2O_3$ 渣系在 1600℃下的等温截面图

表 4.6　方镁石相和硅酸二钙相在 1600℃下 S1 和 S2 渣样中析出的碱度条件

析出相	初始析出的熔渣碱度	
	S1	S2
硅酸二钙	1.3	1.4
方镁石	1.6	1.7

由前面分析可知，在 CaO 周围析出了方镁石产物层，而方镁石相中会固溶部分 Cr_2O_3。图 4.12 为 MgO-Cr_2O_3 二元相图[6]。由图 4.12 可知，在 1600℃下，Cr_2O_3 会固溶到 MgO 中，这解释了方镁石产物层中固溶铬元素的原因。图 4.13 为中性气氛条件下 CaO-Cr_2O_3 二元相图。由图 4.13 可知，CaO 和 Cr_2O_3 可发生反应，生

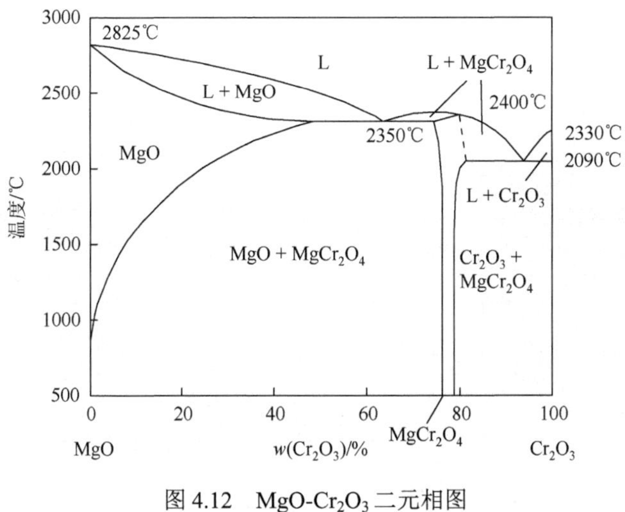

图 4.12　MgO-Cr_2O_3 二元相图

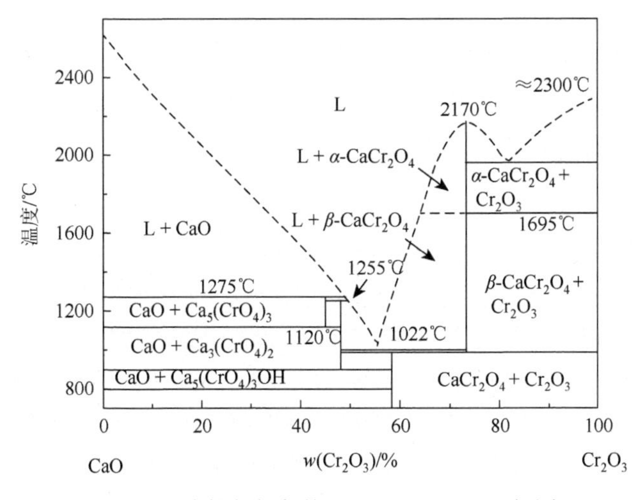

图 4.13　中性气氛条件下 CaO-Cr_2O_3 二元相图

成 $CaCr_2O_4$。本实验条件下，CaO 与方镁石界面区满足 $CaCr_2O_4$ 的形成条件。因此，S2 渣样中检测到 $CaCr_2O_4$ 相。

图 4.14 为 CaO 与熔渣界面区产物层的形成机制。从图 4.14 中可以看出，当 CaO 加入熔渣中时，CaO 溶解并进入渣相，渣中组元同时向 CaO 表面扩散，导致 CaO 侧熔渣成分发生变化。由于 CaO 的逐步溶解，CaO 侧熔渣碱度提高，体系中若干组元的饱和度发生改变。其中，Ca_2SiO_4 和 MgO 由于过饱和而析出，并在 CaO 和熔渣之间形成硅酸二钙产物层和方镁石产物层。方镁石相中固溶部分 Cr_2O_3，因此会在 CaO 表面析出针状 $CaCr_2O_4$ 相。

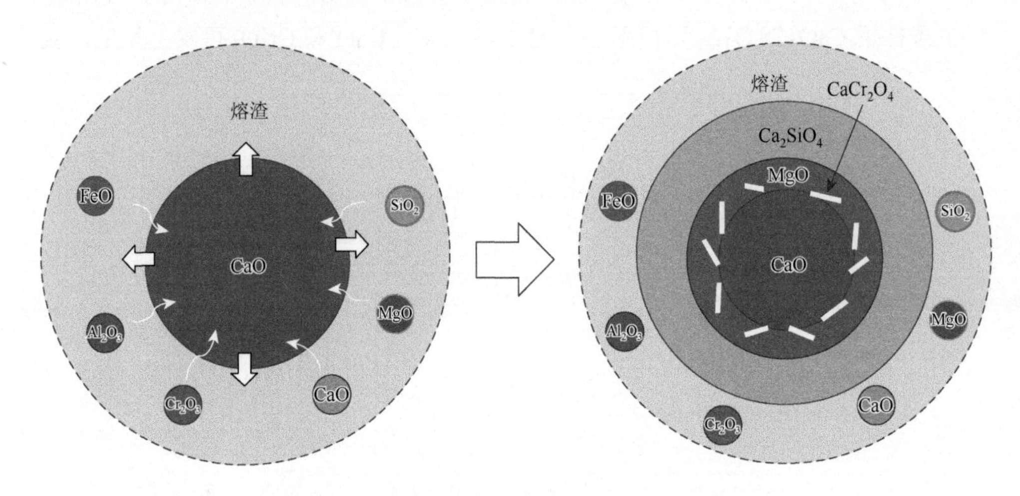

图 4.14　CaO 与熔渣界面区产物层的形成机制

综上所述，当不锈钢渣中存在未熔 CaO 相时，在 CaO 表面会形成含铬的方镁石相和 $CaCr_2O_4$ 相。因此，在后续的处理过程中不锈钢渣会遇水膨胀并形成含铬扬尘，对周边环境造成严重污染。

4.2.4　铬污染评价

从上述分析可知，不锈钢渣中存在未熔 CaO 相会影响铬元素的赋存行为。铬除了会在渣中以尖晶石相析出，还会在未熔 CaO 相周围析出含铬的方镁石相和针状 $CaCr_2O_4$ 相，造成污染隐患。为了评价该含铬产物层在水溶液中的铬离子释放能力，本节采用 FactSage 软件绘制 25℃下 Ca-Cr-H_2O 系 Eh-pH 图，如图 4.15 所示。从图 4.15 中可以看出，$CaCr_2O_4$ 在弱酸性条件下不能稳定存在。当溶液 pH＜6 时，$CaCr_2O_4$ 发生溶解反应，形成铬的羟基氧化物离子团。当溶液 pH＜4 时，溶液中的铬以 Cr^{3+}形式存在。此外，$CaCr_2O_4$ 可被氧化为剧毒的 $CaCrO_4$ 或

$CaCr_2O_7$，严重污染环境。Cabrera-Real 等[8]指出 $MgCr_2O_4$ 的稳定区比 $CaCr_2O_4$ 大得多，有利于铬的稳定化。因此，为了抑制未熔 CaO 相对不锈钢渣产生的环境危害，在不锈钢冶炼过程中，需要严格控制 CaO 颗粒的粒径和用量，保证 CaO 完全熔化于不锈钢渣中。

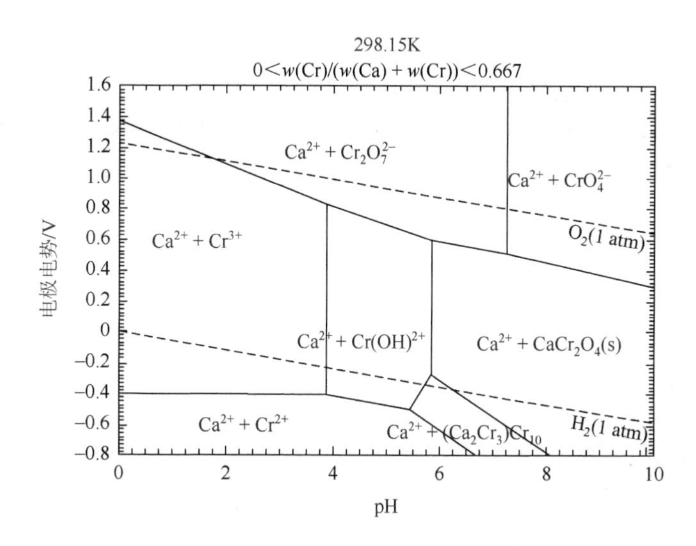

图 4.15　25℃下 Ca-Cr-H_2O 系 Eh-pH 图

4.3　本 章 小 结

本章主要考察了碱度与未熔 CaO 相对不锈钢渣中铬的赋存及释放行为的影响，并对不锈钢渣污染致因开展了分析。在本实验条件下，得到如下结论。

（1）不锈钢渣的物相组成和铬赋存形式随碱度的变化而改变。当碱度为 1.0 时，铬主要赋存于尖晶石相和玻璃相中。当碱度提高至 1.5 时，铬赋存于尖晶石相、玻璃相和硅酸二钙相中。当碱度为 2.0 时，铬存在于尖晶石相和方镁石相中。

（2）不同碱度的不锈钢渣在毒性检测体系中均有明显溶出，碱度为 1.5 时铬的溶出量最小。此外，适宜的缓冷工艺有利于降低铬的溶出能力。

（3）当不锈钢渣中存在未熔 CaO 相时，在 CaO 和熔渣之间会形成含铬方镁石产物层和硅酸二钙产物层，并且有 $CaCr_2O_4$ 相析出。含铬方镁石相和 $CaCr_2O_4$ 相在酸性条件下均不能稳定存在，会在溶液体系中溶解并释放含铬污染物。

参 考 文 献

[1]　Suito H，Inoue R. Behavior of phosphorous transfer from CaO-Fe_tO-P_2O_5-(SiO_2) slag to CaO particles[J]. ISIJ International，2006，46（2）：180-187.

[2] Yang X A，Matsuura H，Tsukihashi F. Condensation of P_2O_5 at the interface between $2CaO \cdot SiO_2$ and CaO-SiO_2-FeO_x-P_2O_5 slag[J]. ISIJ International，2009，49（9）：1298-1307.

[3] Li Z S，Whitwood M，Millman S，et al. Dissolution of lime in BOS slag：From laboratory experiment to industrial converter[J]. Ironmaking and Steelmaking，2014，41（2）：112-120.

[4] Alper A M，McNally R N，Doman R C，et al. Phase equilibria in the system MgO-$MgCr_2O_4$[J]. Journal of the American Ceramic Society，1964，47（1）：30-33.

[5] Bartie N J. The effects of temperature，slag chemistry and oxygen partial pressure on the behavior of chromium oxide in melter slags[D]. Stellenbosch：University of Stellenbosch，2004.

[6] Arnout S，Durinck D，Guo M X，et al. Determination of CaO-SiO_2-MgO-Al_2O_3-CrO_x liquidus[J]. Journal of the American Ceramic Society，2008，91（4）：1237-1243.

[7] Burja J，Tehovnik F，Medved J，et al. Chromite spinel formation in steelmaking slags[J]. Materials and Technologies，2014，48（5）：753-756.

[8] Cabrera-Real H，Romero-Serrano A，Zeifert B，et al. Effect of MgO and CaO/SiO_2 on the immobilization of chromium in synthetic slags[J]. Journal of Material Cycles and Waste Management，2012，14（4）：317-324.

第 5 章　基于熔渣改质的结晶行为调控

由第 4 章可知，不锈钢渣中铬可赋存于多种物相中，铬的赋存状态对铬的溶出行为有很大的影响。通过调整熔渣成分、改变熔渣性质、优化冷却制度等高温改质手段，有望使渣中有价元素富集到目标物相中。本章采用高温改质工艺调控元素在不同物相中的迁移行为和物相的析出过程，以实现铬元素的稳定化控制，促进不锈钢渣的资源化利用。

5.1　改质剂选择

5.1.1　侵蚀实验研究

为进一步揭示各物相的稳定性，依照行业标准《固体废物　浸出毒性浸出方法　硫酸硝酸法》（HJ/T 299—2007），采用标准毒性浸出溶液（浓硫酸和浓硝酸质量比为 2∶1，pH = 3.2）对不锈钢渣进行表面侵蚀实验分析。在室温下将相应的抛光块状试样置于酸溶液中反应 18h。实验完成后，取出试样并采用 SEM 及 EDS 分析试样表面侵蚀前后物相结构的变化行为，探讨铬的溶出机理。

图 5.1 为不同碱度和冷却温度试样侵蚀后表面的微观形貌。从图 5.1 中可以看出，经过 pH = 3.2 的混酸溶液侵蚀之后，不锈钢渣表面的物相结构发生了明显的改变。由图 5.1（a）可知，碱度为 1.0 的试样中，钙镁黄长石相较于尖晶石相和玻璃相出现了明显的凹陷，这说明钙镁黄长石受到侵蚀。由图 5.1（b）～（d）可

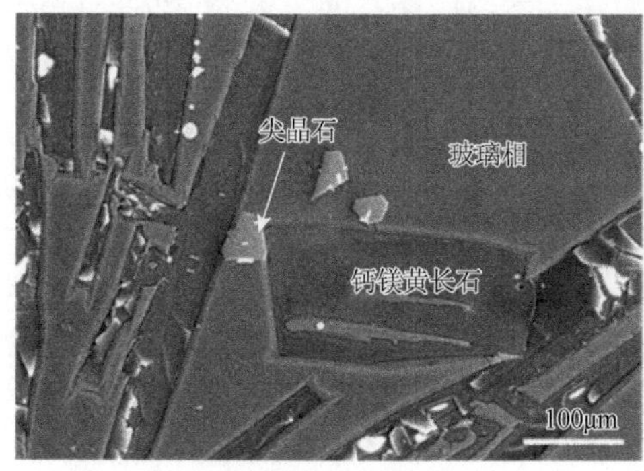

(a) 碱度 = 1.0, 1300℃

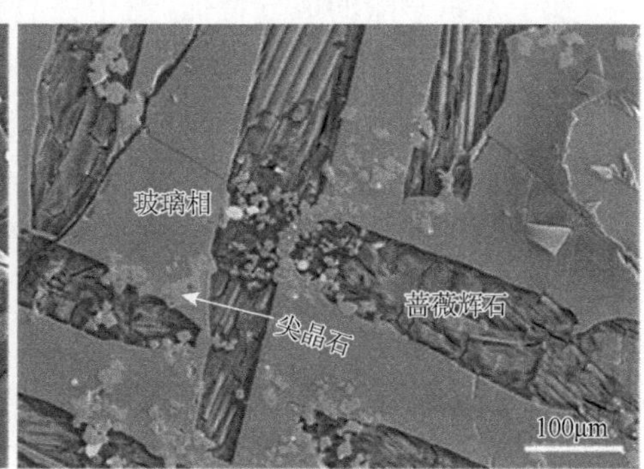

(b) 碱度 = 1.5, 1300℃

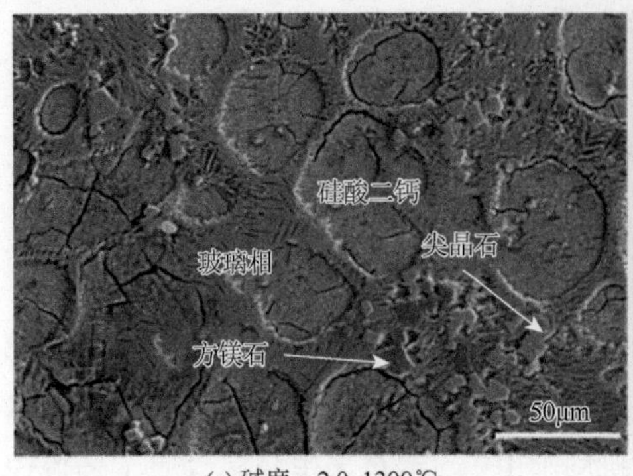

(c) 碱度 = 2.0, 1300℃

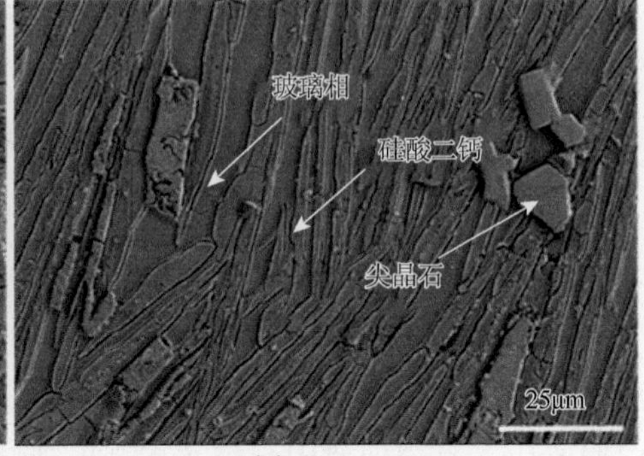

(d) 碱度 = 1.5, 1600℃

图 5.1　试样侵蚀后的 SEM 图片

知，碱度为 1.5 和 2.0 的试样中，蔷薇辉石相和硅酸二钙相均出现了明显的侵蚀沟，这说明这两种物相都受到了溶液的侵蚀，而尖晶石相和玻璃相依然保持相对平整的状态。前面研究证实，碱度为 1.0 时，呈现单一玻璃相的试样经过标准溶液浸出后，铬的溶出量可达到 2.82mg/L，这说明玻璃相并不能有效固定不锈钢渣中的铬。尖晶石相的结构及各组元成分在侵蚀前后基本不发生变化，证明尖晶石相是最佳的铬稳定相。

综上所述，硅酸二钙、蔷薇辉石、钙镁黄长石、方镁石和玻璃相等物相在酸性溶液中稳定性较低，铬在此类物相中赋存时易于溶出。尖晶石相表现出较强的稳定性，是铬的稳定相。此结论与第 3 章的相稳定性研究一致。因此，为了有效抑制不锈钢渣中铬的溶出，降低不锈钢渣再利用风险，本章以促进铬在尖晶石相中的富集为目的来实现不锈钢渣中铬的稳定化控制。

5.1.2　热力学研究

基于不锈钢渣的成分特征，渣中尖晶石相呈类质同象尖晶石特点，MgO、FeO、MnO、Cr_2O_3、Al_2O_3、Fe_2O_3 等组元均可参与尖晶石构成，反应如下：

$$MgO + FeO + MnO + Cr_2O_3 + Al_2O_3 + Fe_2O_3 \longrightarrow (Mg, Fe, Mn)(Cr, Al, Fe)_2O_4 \tag{5.1}$$

从反应（5.1）中可以看出，不锈钢渣中尖晶石由二价组元（MgO、FeO、MnO）和三价组元（Al_2O_3、Cr_2O_3、Fe_2O_3）结合形成。从反应动力学角度来看，添加尖晶石形核剂，有利于强化尖晶石相结晶。1600℃下尖晶石形成的相关反应如下：

$$MgO + Cr_2O_3 \longrightarrow MgCr_2O_4(s)\text{，}\ \Delta G^{\ominus} = -62.7\text{kJ/mol} \tag{5.2}$$

$$MnO + Cr_2O_3 \longrightarrow MnCr_2O_4(s)，\Delta G^{\ominus} = -52.6kJ/mol \tag{5.3}$$

$$FeO + Cr_2O_3 \longrightarrow FeCr_2O_4(s)，\Delta G^{\ominus} = -32.4kJ/mol \tag{5.4}$$

$$MgO + Al_2O_3 \longrightarrow MgAl_2O_4(s)，\Delta G^{\ominus} = -37.0kJ/mol \tag{5.5}$$

$$MgO + Fe_2O_3 \longrightarrow MgFe_2O_4(s)，\Delta G^{\ominus} = -16.7kJ/mol \tag{5.6}$$

从反应热力学角度看，尖晶石结晶反应的标准吉布斯自由能越低，越有利于尖晶石相的生成。基于此，MgO、MnO、Al_2O_3 和 FeO 均可作为改质剂。对于不锈钢渣，为避免冶炼过程对耐材内衬的侵蚀，MgO 含量通常接近熔渣的饱和水平，继续添加 MgO 不但起不到促进尖晶石相形成的作用，相反，渣中会析出含铬的方镁石相，影响铬的稳定效果。此外，不锈钢渣还有较高的铁含量，将其控制为磁性相对于资源回收更有价值。因此，本章采用二价组元 MnO 和三价组元 Al_2O_3 作为不锈钢渣改质剂开展研究。

此处采用 FactSage 软件计算不锈钢渣中尖晶石相的析出行为。图 5.2 为 $CaO-MnO-SiO_2-Cr_2O_3$ 渣系相图。从图 5.2 中可以看出，当熔渣中存在 MnO 时，会形成含锰尖晶石相，且随着 MnO 质量分数的增加，尖晶石相的析出量增多。

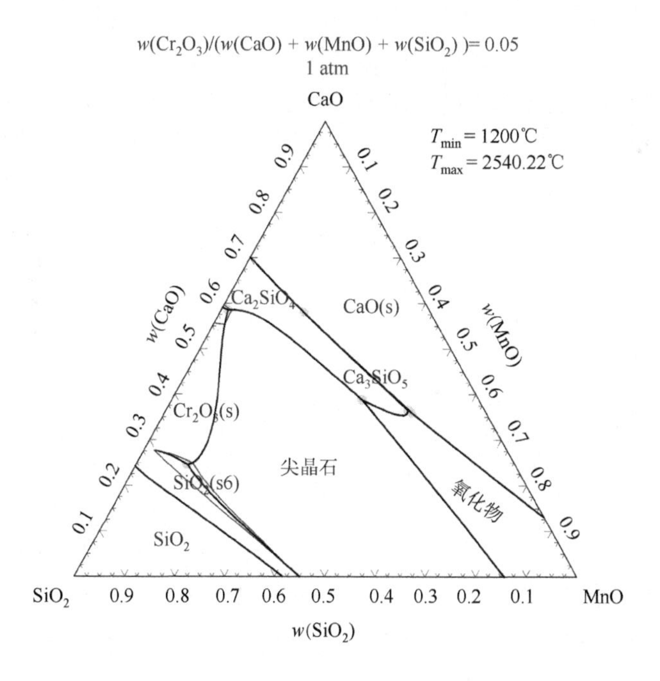

图 5.2　$CaO-MnO-SiO_2-Cr_2O_3$ 渣系相图

图 5.3 为不同 Al_2O_3 含量下不锈钢渣在 1200～1800℃的平衡相组成。由图 5.3 可知，随着渣中 Al_2O_3 质量分数的提高，尖晶石相析出量明显增加，这表明 Al_2O_3 的添加促进了不锈钢渣中尖晶石相的析出。

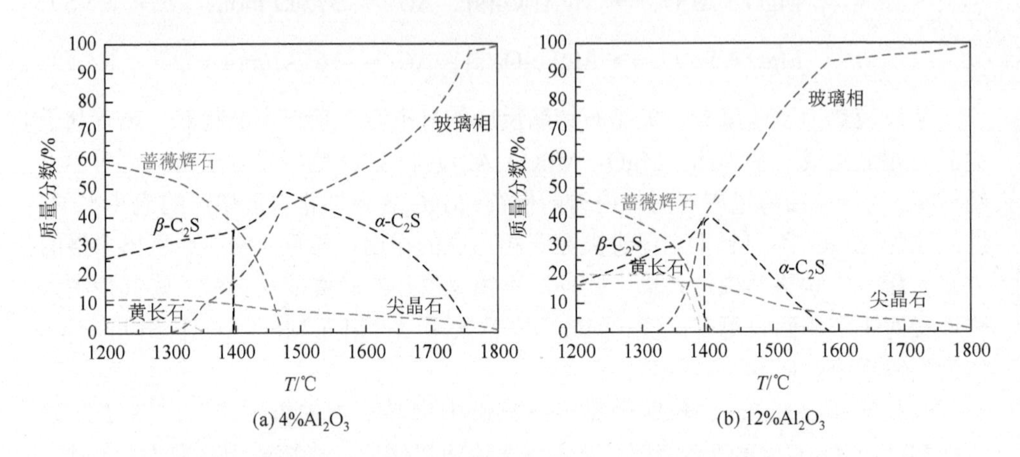

图 5.3　不同 Al_2O_3 含量下不锈钢渣在 1200～1800℃的平衡相组成

基于以上热力学分析，本章采用 MnO 和 Al_2O_3 作为不锈钢渣的改质剂，研究高温改质对不锈钢渣中铬的赋存状态及溶出行为的影响规律，并分析 MnO 和 Al_2O_3 改质剂对不锈钢渣中尖晶石相形成的影响机制，为不锈钢渣的资源循环利用提供理论依据。

5.2　研 究 方 法

5.2.1　实验原料与步骤

本章采用 CaO、MgO、SiO_2、Al_2O_3、Cr_2O_3、MnO、$FeC_2O_4 \cdot 2H_2O$、CaF_2 等化学纯试剂配制实验样品。实验前，将 CaO、MgO、Al_2O_3 等氧化物置于马弗炉中于 1000℃下煅烧 1h，以除去水分和碳酸盐；将 SiO_2、Cr_2O_3、$FeC_2O_4 \cdot 2H_2O$ 置于干燥箱中于 110℃下烘干 10h，以除去水分。经过预处理后的化学试剂置于干燥箱内，以备实验使用。从前面分析可知，碱度为 1.5 有利于促进富铬尖晶石相的析出，抑制铬的溶出。因此，在改质实验中选择渣样碱度为 1.5。MnO 改质实验中的 MnO 质量分数分别为 0%、4%和 8%，Al_2O_3 改质实验中的 Al_2O_3 质量分数分别为 4%、8%和 12%。实验中 MnO 和 Al_2O_3 改质渣的化学成分如表 5.1 所示。

表 5.1　改质渣的化学成分（质量分数，单位：%）

编号	CaO	SiO_2	MgO	FeO	Al_2O_3	MnO	Cr_2O_3	CaF_2
S1	45.6	30.4	9.0	3.0	4.0	—	5.0	3.0
S2	43.2	28.8	9.0	3.0	4.0	4.0	5.0	3.0
S3	40.8	27.2	9.0	3.0	4.0	8.0	5.0	3.0
S4	43.2	28.8	9.0	3.0	8.0	—	5.0	3.0
S5	40.8	27.2	9.0	3.0	12.0	—	5.0	3.0

相关实验步骤参照第 4 章开展。为进一步表征 MnO 和 Al_2O_3 对不锈钢渣中铬富集行为及尖晶石相形成的影响机制。取 2g MnO 和 Al_2O_3 粉末，压制成块状渣样。实验前，取 20g S1 渣样置于钼坩埚中，再置于高温管式炉内，并通入氩气保护，氩气流量为 0.5L/min。按照设定程序升温至 1600℃，待渣样完全熔化后，加入 MnO（Al_2O_3）块，反应 5min（1min）后快速取出渣样水冷。

5.2.2　检测分析方法

利用 SEM 对各组渣样的显微结构，以及改质剂与熔渣界面区的微观形貌进行观察，并结合 EDS 分析对相应的微区化学成分进行研究。采用 XRD 仪和 Xpert HighScore 多峰分离应用软件对各组渣样的物相组成进行分析。此外，采用电感耦合等离子体发射光谱仪对改质后不锈钢渣中铬的浸出浓度进行测定，评价高温改质后不锈钢渣中铬的稳定性，具体检测分析方法与第 4 章相同。

定义铬在尖晶石相中的质量占渣样中总铬质量的百分数为铬的富集度，通过铬的富集行为表征不锈钢渣改质效果，计算方法见 4.1.5 节。

5.3　MnO 改质研究

5.3.1　铬赋存行为

图 5.4 为不同 MnO 含量渣样在 1600℃下淬冷的 SEM 图片，表 5.2 为对应物相的 EDS 分析结果。由图 5.4 和表 5.2 可知，在 1600℃下，无 MnO 渣样（S1 渣样）的主要物相组成为玻璃相、尖晶石相和硅酸二钙相，铬主要赋存于尖晶石相中，但铬在玻璃相和硅酸二钙相中也有一定分布。当渣样中含有 4%MnO（S2 渣

样）时，渣中未检测到硅酸二钙相，但与 S1 渣样相比，玻璃相中铬的质量分数由 2.62%降低至 0.70%，证明 MnO 的加入降低了铬在非稳定相中的含量。此外，MnO 参与尖晶石相的形成，使其成分转变为含锰尖晶石相。当 MnO 的质量分数提高至 8%（S3 渣样）时，在玻璃相中未检测到铬元素，仅蔷薇辉石相中含有 0.40%的铬。由以上分析可知，在本实验条件下，随着 MnO 质量分数的提高，渣样中硅酸二钙相的析出受到抑制，并促进蔷薇辉石相的形成。

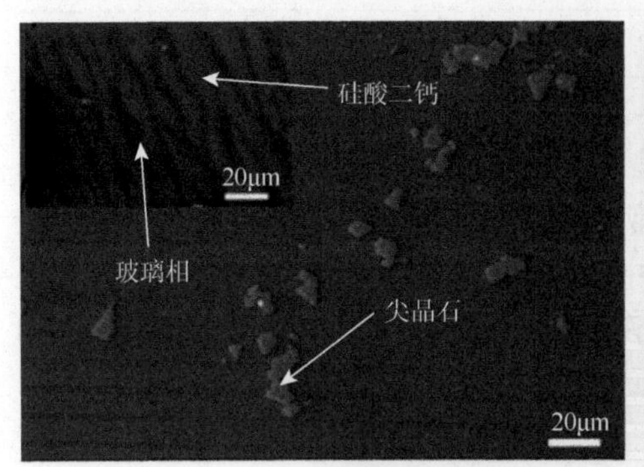

(a) S1渣样

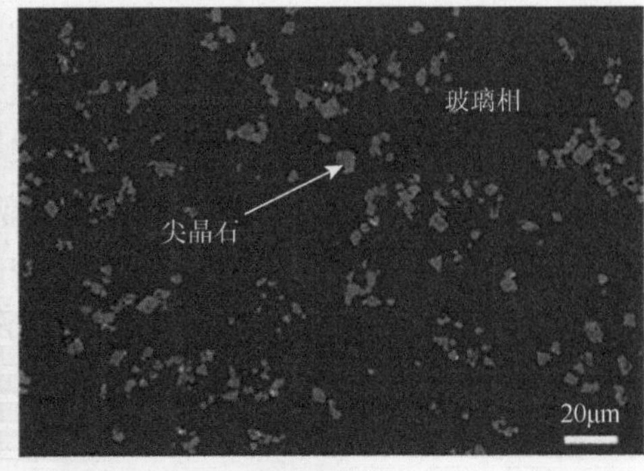

(b) S2渣样

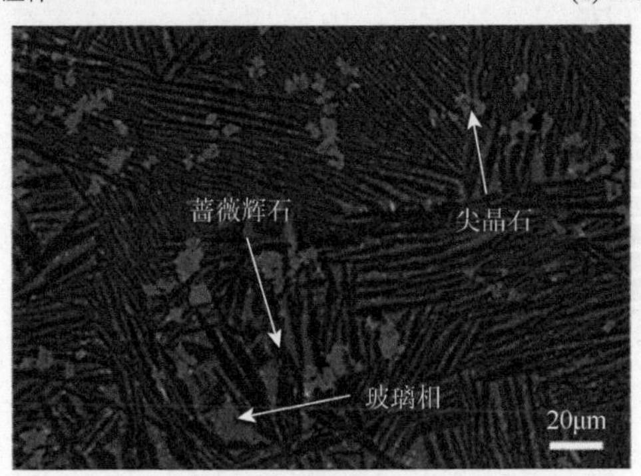

(c) S3渣样

图 5.4　不同 MnO 含量渣样在 1600℃下淬冷的 SEM 图片

表 5.2　不同 MnO 含量渣样在 1600℃下淬冷的 EDS 分析结果（质量分数，单位：%）

编号	物相	Ca	Mg	Si	Mn	Fe	Al	Cr	O
S1	玻璃相	36.75	3.52	15.88	—	—	2.55	2.62	38.68
	尖晶石	1.74	13.29	—	—	—	5.12	58.67	21.18
	硅酸二钙	37.70	4.10	18.39	—	—	—	0.66	39.15
S2	玻璃相	30.75	5.54	16.86	3.36	2.53	2.29	0.70	37.97
	尖晶石	2.05	9.34	0.81	4.85	3.11	4.99	43.75	31.10

续表

编号	物相	Ca	Mg	Si	Mn	Fe	Al	Cr	O
S3	玻璃相	27.13	2.96	12.61	13.60	4.66	5.36	—	33.68
	尖晶石	1.10	8.96	0.23	7.59	2.24	5.00	45.45	29.43
	蔷薇辉石	37.17	6.41	17.31	2.59	0.62	0.21	0.40	35.29

图 5.5 为不同 MnO 含量渣样在 1300℃下淬冷的 SEM 图片。由图 5.5 可知，三组渣样中的物相组成均为玻璃相、尖晶石相和蔷薇辉石相，且尖晶石相粒径随着 MnO 含量的增加而有所增大。表 5.3 为对应物相的 EDS 分析结果。由表 5.3 可知，降温至 1300℃后，在 S1 渣样中，铬主要富集于尖晶石相内，但玻璃相中仍有约 1%的铬。在 S2 渣样中，铬在玻璃相中的质量分数降至 0.31%。在 S3 渣样中，与 S1 和 S2 渣样相比，铬元素的赋存状态明显改变，铬元素仅存在于尖晶石相中，而在其他物相中均未检测到铬。图 5.6 为不同 MnO 含量渣样在 1300℃下淬冷的 XRD 图谱。结果表明，三组渣样的结晶相均为尖晶石相和蔷薇辉石相，与 SEM-EDS 分析结果一致。

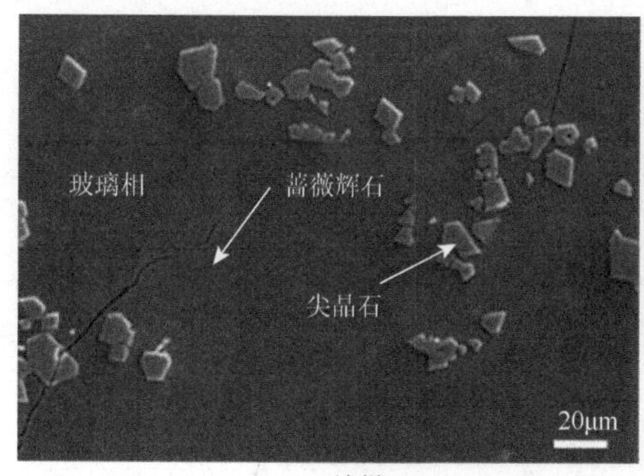

(a) S1渣样

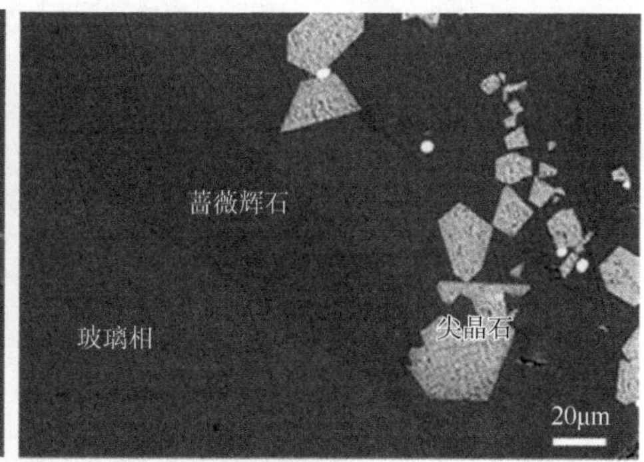

(b) S2渣样

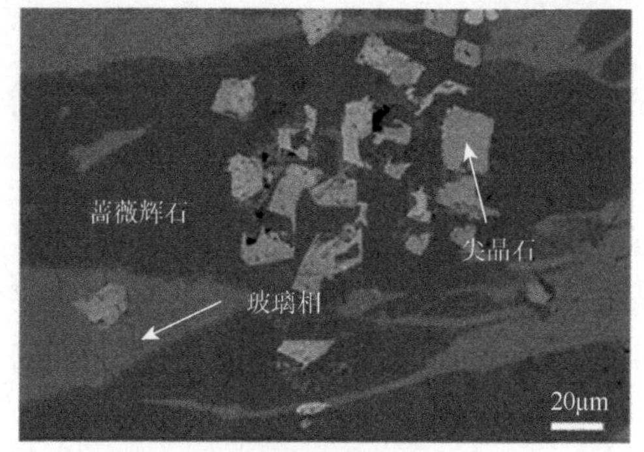

(c) S3渣样

图 5.5　不同 MnO 含量渣样在 1300℃下淬冷的 SEM 图片

表 5.3 不同 MnO 含量渣样在 1300℃下淬冷的 EDS 分析结果（质量分数，单位：%）

编号	物相	Ca	Mg	Si	Mn	Fe	Al	Cr	O
S1	玻璃相	36.19	3.26	16.65	—	—	3.86	0.92	39.12
	尖晶石	0.90	11.85	—	—	—	4.51	48.21	34.53
	蔷薇辉石	37.04	6.34	17.53	—	—	—	—	39.09
S2	玻璃相	30.44	5.22	17.73	4.46	1.59	3.54	0.31	36.71
	尖晶石	0.85	9.89	0.41	5.40	2.13	6.41	44.91	30.00
	蔷薇辉石	37.05	6.98	17.55	1.24	0.37	—	0.28	36.53
S3	玻璃相	29.46	4.21	13.57	12.63	2.88	4.69	—	32.56
	尖晶石	1.29	9.20	0.36	8.31	1.73	8.03	41.63	29.45
	蔷薇辉石	37.03	6.82	17.77	1.90	—	—	—	36.48

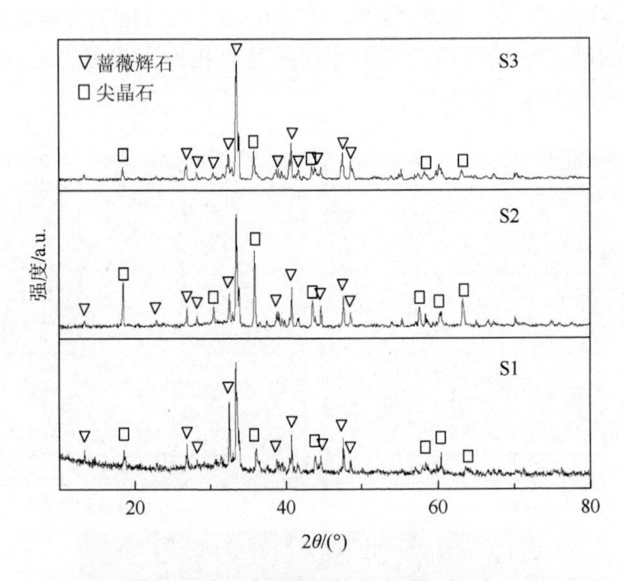

图 5.6 不同 MnO 含量渣样在 1300℃下淬冷的 XRD 图谱

尖晶石相的析出行为和铬的富集度间接反映了不锈钢渣的改质效果。图 5.7 为不同 MnO 含量渣样中的铬富集度。由图 5.7 可以看出，1600℃下，在 S1 渣样中仅有 57.0%的铬以尖晶石相的形式存在。当 MnO 质量分数为 4%（S2 渣样）时，尖晶石相中铬的富集度提升至 79.5%，仅剩余 20.5%的铬存在于其他物相中。当 MnO 质量分数为 8%（S3 渣样）时，铬的富集度达到 93.8%。经降温处理至 1300℃后，几乎所有铬元素富集于尖晶石相中，其他物相中均未检测到铬。由此可知，采用 MnO 对不锈钢渣进行改质处理，可促进不锈钢渣中铬向尖晶石相富集。

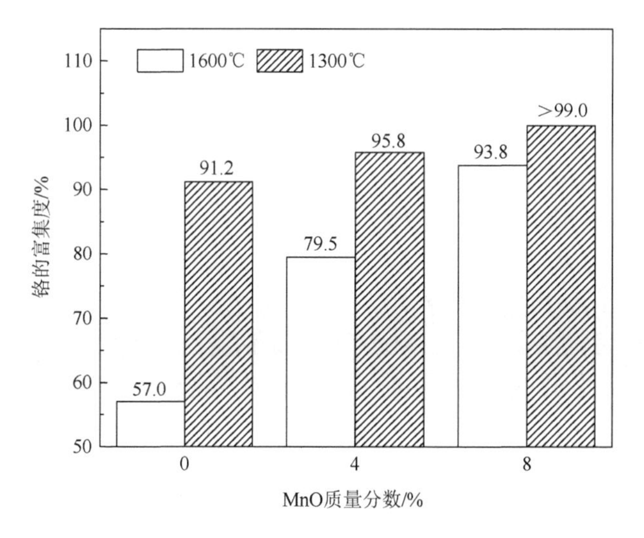

图 5.7　不同 MnO 含量渣样中铬富集度

5.3.2　尖晶石生长机制

为进一步明确 MnO 对尖晶石相形成机制的影响，本节采用 MnO 块对不锈钢渣进行高温改质模拟实验，研究 MnO 与熔渣界面区的元素分布规律及产物层结构，解析 MnO 对不锈钢渣中尖晶石形成的影响机理。

图 5.8 为 MnO 与熔渣反应 5min 后界面区的 SEM 图片。由图 5.8 可以看出，在 MnO 与熔渣反应界面的法线方向上存在三个区域，左侧是 MnO 熔滴富集区（简称 MnO 区），右侧是熔渣本体区，中间部分为反应区。由 EDS 分析可知，MnO 块浸入高温熔渣中后熔化为小熔滴，并在 MnO 熔滴中检测到 Ca、Mg、Fe、Cr

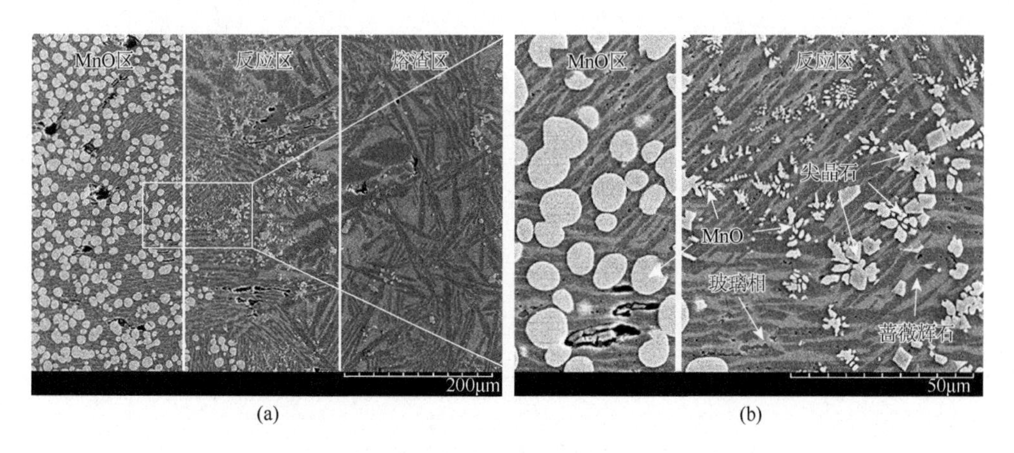

图 5.8　MnO 与熔渣反应 5min 后界面区的 SEM 图片

等元素。MnO 熔滴周围为玻璃相和蔷薇辉石相，两相中均未检测到铬元素。反应区中雪花状物相的成分与 MnO 区中的熔滴成分相似，推测是由 MnO 熔滴进一步溶解破碎产生的。在反应区的玻璃相中检测到质量分数为 0.32%的铬，靠近熔渣区附近出现了大量含锰尖晶石晶体，此区域内玻璃相中铬的质量分数为 0.80%。由此可以推测，在 MnO 区，铬会优先迁移进入 MnO 熔滴中，当满足尖晶石相形成条件时，转化为尖晶石晶体；在熔渣区，MnO 活度相对较低，部分铬与 MnO 结合形成尖晶石晶体析出，剩余的铬残留在渣中。

根据以上实验结果与分析，MnO 对不锈钢渣的改质机理如图 5.9 所示。当 MnO 加入高温熔融的不锈钢渣中时，由于热量径向传导，MnO 逐渐熔化为细小熔滴。一方面，MnO 向渣中持续扩散使其尺寸不断减小；另一方面，铬等渣中组元逐渐向熔滴中迁移。由 MnO 和 Cr_2O_3 二元相图[1]可知，高温下 MnO 对 Cr_2O_3 有较强的固溶能力，因此在 MnO 区，渣中铬元素含量可降低到极低水平。此外，由于 MnO 的不断溶解、破碎，MnO 容纳铬的能力不断减弱，部分铬元素残留在反应区。在靠近熔渣区，随着 MnO 的持续溶解，熔渣中 MnO 活度的上升，满足尖晶石形核条件时，发生反应（5.7），铬以类质同象尖晶石形式析出，其对应渣中铬元素含量为反应（5.7）平衡的铬元素含量。各区域内铬元素在熔渣区和 MnO 区中的含量变化趋势也表示在图 5.9 中。

$$(MgO)_{slag} + (MnO)_{slag} + (Cr_2O_3)_{slag} + (Al_2O_3)_{slag} \longrightarrow (Mg, Mn)(Cr, Al)_2O_4 \quad (5.7)$$

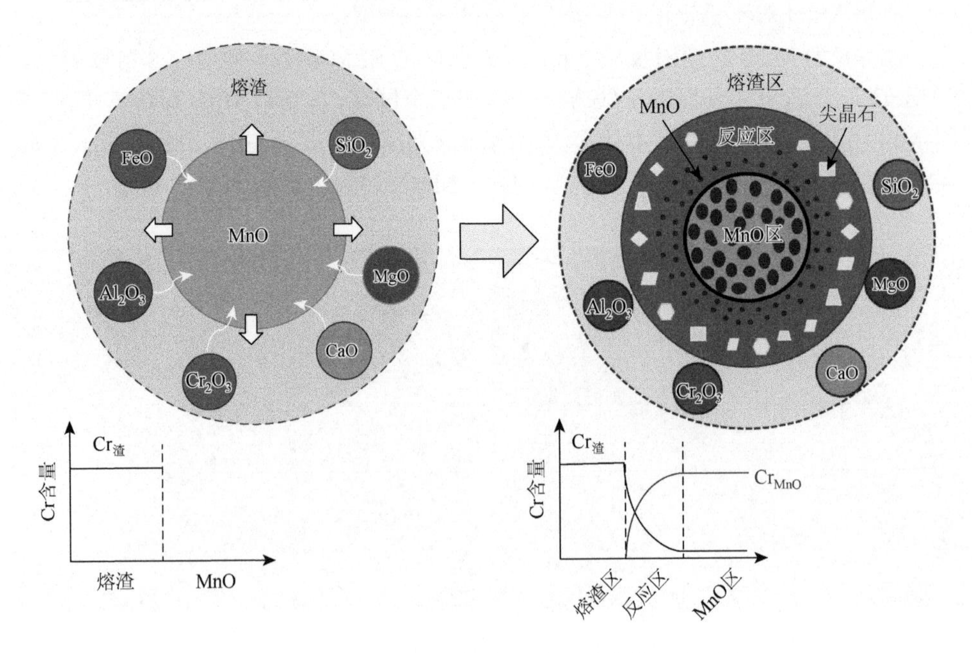

图 5.9 MnO 对不锈钢渣中尖晶石形成的影响机制

因此，MnO 对熔渣的作用大致可分为如下阶段。

（1）固态 MnO 熔化和解体，并由大熔滴逐渐转变为小熔滴。

（2）基于温度和组元浓度梯度的驱动力作用，MnO 向渣中扩散，渣中 Cr、Mg 等元素向 MnO 相表面和内部迁移。

（3）当熔渣和 MnO 溶滴满足尖晶石形核条件时，尖晶石相形成。

5.3.3　铬溶出行为

依据行业标准《铬渣污染治理环境保护技术规范（暂行）》（HJ/T 301—2007）和《固体废物　浸出毒性浸出方法　硫酸硝酸法》（HJ/T 299—2007），利用铬渣生产的水泥和砖等工业产品中总铬浸出量不能超过 0.15mg/L 和 0.30mg/L。

图 5.10 为不同 MnO 含量渣样在 pH = 3.2 的硫酸-硝酸溶液体系中铬的溶出量。由图 5.10 可知，当不锈钢渣中无 MnO 时，铬的溶出量达到 0.62mg/L；当 MnO 质量分数为 4%时，渣中铬的溶出量减小至 0.35mg/L；当 MnO 质量分数为 8%时，铬的溶出量仅为 0.12mg/L，满足工业化利用要求。

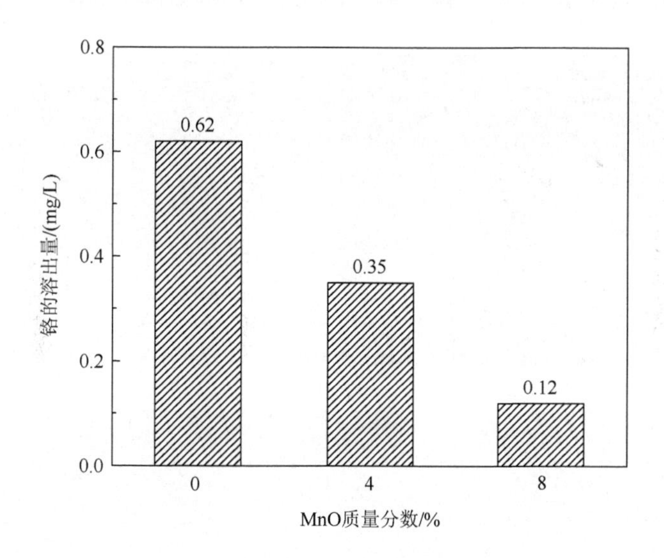

图 5.10　不同 MnO 含量渣样铬的溶出量

综上所述，MnO 的加入促进了铬在尖晶石相中的富集，降低了铬在标准浸出液中的释放能力，改善了铬的稳定化效果。

5.4 Al_2O_3改质研究

5.4.1 铬赋存行为

图5.11为不同Al_2O_3含量渣样在1600℃和1300℃下淬冷的SEM图片，图5.12为不同Al_2O_3含量渣样在1300℃下淬冷的XRD图谱。从图5.11和图5.12中可以看出，随着Al_2O_3含量的提高，渣样的物相组成与元素分布产生了明显改变。在

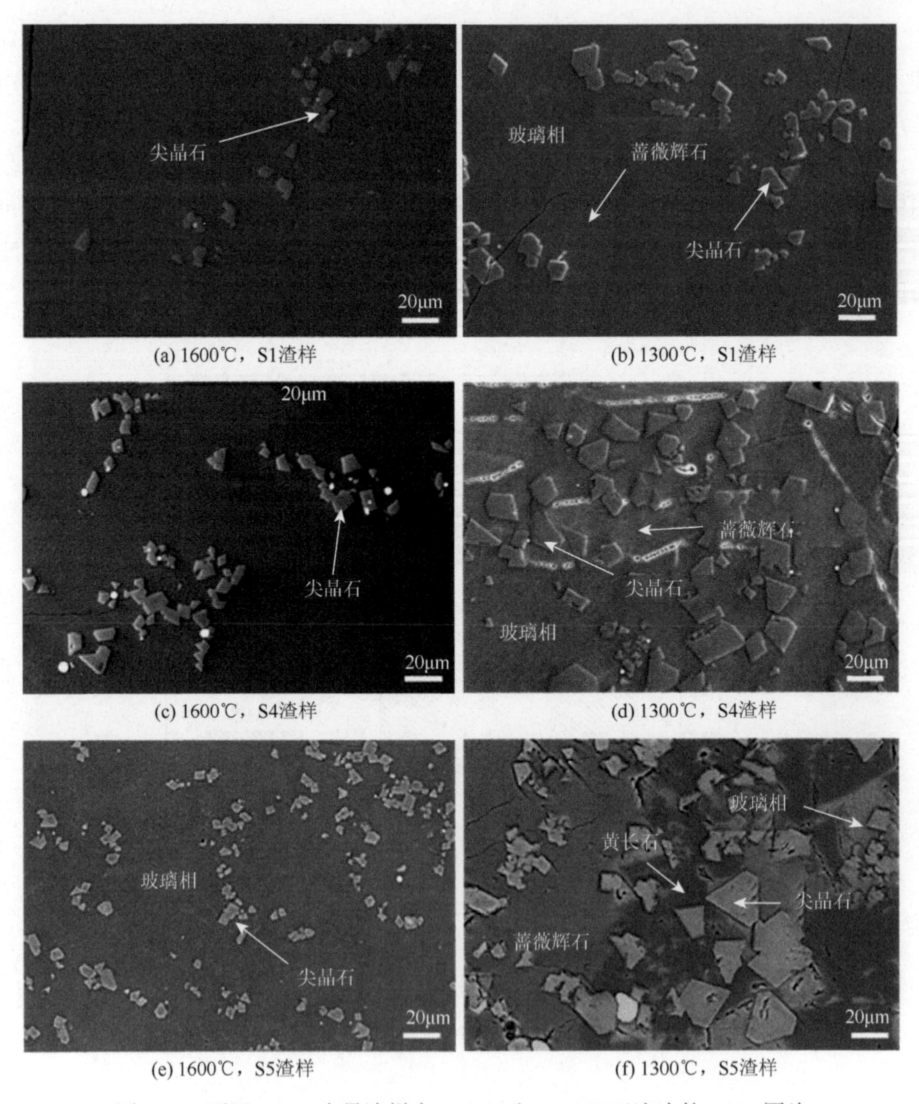

图5.11 不同Al_2O_3含量渣样在1600℃和1300℃下淬冷的SEM图片

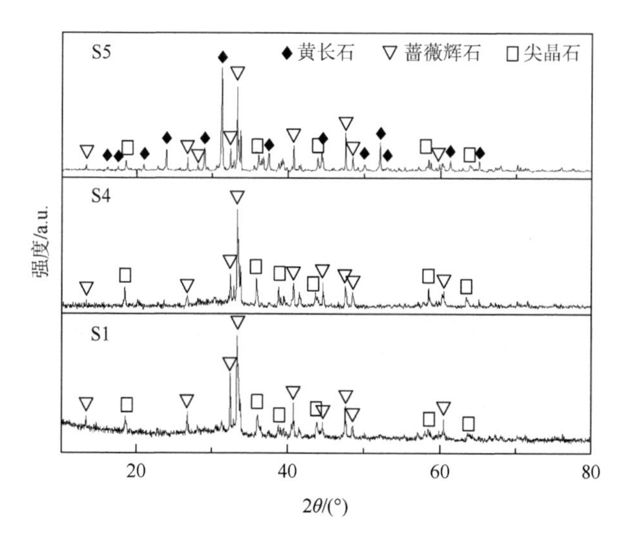

图5.12　不同Al_2O_3含量渣样在1300℃下淬冷的XRD图谱

1600℃下，当Al_2O_3质量分数为4%（S1渣样）和8%（S4渣样）时，渣样的主体物相为硅酸二钙相和尖晶石相；当Al_2O_3质量分数提高至12%（S5渣样）时，硅酸二钙相消失，析出的尖晶石晶体数量增多。在1300℃下，当Al_2O_3质量分数为4%（S1渣样）和8%（S4渣样）时，渣样的主体物相为蔷薇辉石相和尖晶石相；当Al_2O_3质量分数提高至12%（S5渣样）时，有黄长石相析出。此外，Al_2O_3含量的提高促进了尖晶石晶体的生长。

表5.4为不同Al_2O_3含量渣样在1600℃和1300℃下淬冷的EDS分析结果。由表5.4可知，Al_2O_3改质使渣样中铬的赋存状态发生明显变化。在1600℃下，当Al_2O_3质量分数为4%（S1渣样）时，除了尖晶石相，玻璃相中铬的质量分数达到2.62%，同时硅酸二钙相中固溶0.66%的铬。当Al_2O_3质量分数为8%（S4渣样）时，玻璃相中铬的质量分数有所降低，但硅酸二钙相中仍含有1.27%的铬。Al_2O_3质量分数提高至12%（S5渣样）后，玻璃相中铬的质量分数降低至0.77%。在1300℃下，铬主要赋存于尖晶石相中，少量的铬存在于玻璃相中。随着Al_2O_3质量分数的增加，玻璃相中铬的质量分数逐渐降低。当Al_2O_3质量分数为12%时，铬几乎完全富集于尖晶石相中，其他物相中均未检测到铬元素。

表5.4　不同Al_2O_3含量渣样在1600℃和1300℃下淬冷的EDS分析结果（质量分数，单位：%）

冷却温度	编号	物相	Ca	Mg	Si	Al	Cr	Fe	O
1600℃	S1	玻璃相	36.75	3.52	15.88	2.55	2.62	—	38.68
		尖晶石	1.74	13.29	—	5.12	58.67	—	21.18
		硅酸二钙	37.70	4.10	18.39	—	0.66	—	39.15

续表

冷却温度	编号	物相	Ca	Mg	Si	Al	Cr	Fe	O
1600℃	S4	玻璃相	35.72	3.04	14.09	6.31	2.02	—	38.82
		尖晶石	0.41	12.12	—	8.52	43.20	—	35.75
		硅酸二钙	36.99	5.09	15.96	1.96	1.27	—	38.73
	S5	玻璃相	30.38	4.43	6.50	14.52	0.77	1.18	42.22
		尖晶石	1.71	12.46	0.31	11.78	33.31	2.28	38.15
1300℃	S1	玻璃相	36.19	3.26	16.65	3.86	0.92	—	39.12
		尖晶石	0.90	11.85	—	4.51	48.21	—	34.53
		蔷薇辉石	37.04	6.34	17.53	—	—	—	39.09
	S4	玻璃相	36.89	2.76	15.16	5.34	0.81	—	39.04
		尖晶石	—	12.11	—	7.68	44.70	—	35.51
		蔷薇辉石	37.75	6.53	16.93	—	—	—	38.79
	S5	玻璃相	36.20	3.19	14.09	2.51	—	6.71	37.30
		尖晶石	0.53	11.62	—	12.14	32.24	3.36	40.11
		蔷薇辉石	34.97	6.68	17.37	—	—	0.53	40.45
		黄长石	28.20	2.96	11.58	13.85	—	0.74	42.67

图 5.13 为不同 Al_2O_3 含量渣样尖晶石相的析出量及铬的富集度。由图 5.13 可知，不锈钢渣中尖晶石相的析出量和铬的富集度随着 Al_2O_3 质量分数的提高而增加。在 1600℃下，当 Al_2O_3 质量分数从 4%增加至 12%时，尖晶石相的析出量从 5.4%增加到 12.5%，铬的富集度也从 57.0%提高到 89.9%。在 1300℃下，铬的富集度从 91.2%提高到接近 100%。

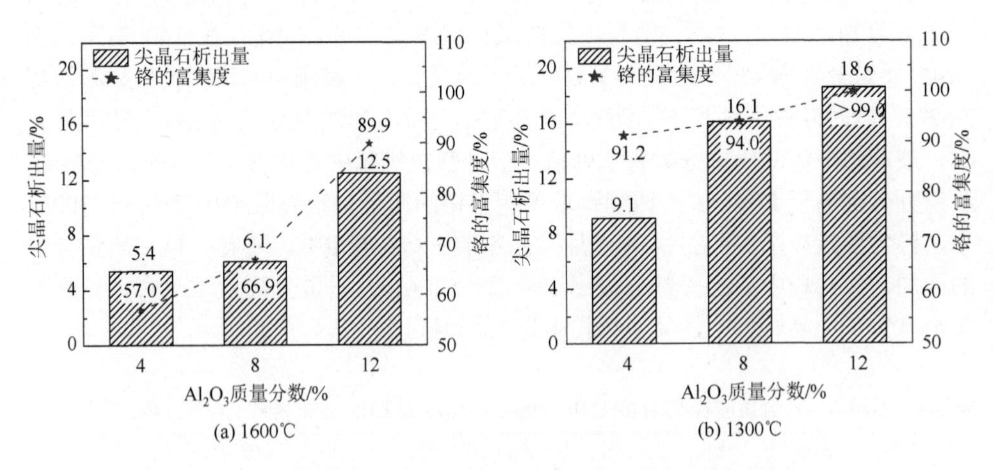

图 5.13　不同 Al_2O_3 含量渣样尖晶石相的析出量及铬的富集度

5.4.2　尖晶石生长机制

由上述研究结果可知，添加 Al_2O_3 改质剂能促进尖晶石相形成，但 Al_2O_3 对不锈钢渣中尖晶石的形成机制目前仍不明确。本节采用块状 Al_2O_3 对不锈钢渣进行高温改质模拟实验，研究 Al_2O_3 与熔渣界面区的元素分布规律及产物层结构，解析 Al_2O_3 对尖晶石形成的影响机理。

图 5.14 为 Al_2O_3 与熔渣界面区的 SEM 图片。由图 5.14 可以看出，在 Al_2O_3 与熔渣反应界面附近存在三个区域，右侧是 Al_2O_3 区，左侧是熔渣区，中间为反应区。在反应区析出了大量含少量铬的镁铝尖晶石（$MgAl_2O_4$）相，在邻近反应区的熔渣本体中析出了大量含少量铝的镁铬尖晶石（$MgCr_2O_4$）相。

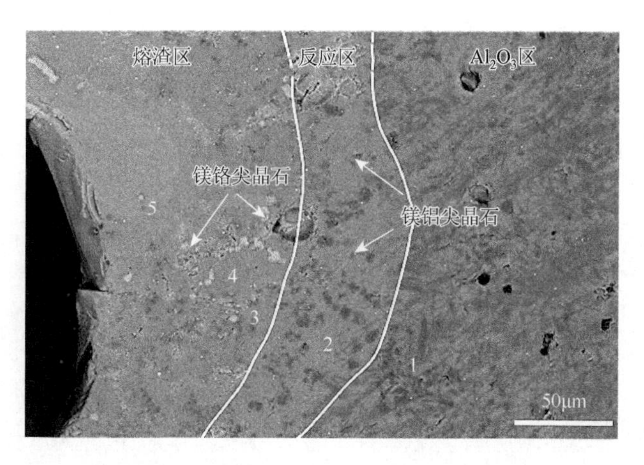

图 5.14　Al_2O_3 与熔渣界面区的 SEM 图片

表 5.5 给出了 Al_2O_3 与熔渣界面区的 EDS 分析结果。由表 5.5 可知，当 Al_2O_3 加入高温熔渣中反应 1min 后，Al_2O_3 快速溶解扩散到渣中。在高 Al_2O_3 质量分数的条件下，反应区内 MgO、Al_2O_3 及 Cr_2O_3 发生反应，析出大量尖晶石相，导致该区域内 Mg 和 Cr 质量分数大幅降低。由位置 3～位置 5 的 EDS 分析结果发现，随着熔渣远离反应区，Al_2O_3 质量分数逐渐降低，MgO 和 Cr_2O_3 质量分数逐渐提高。推测这是由于 Al_2O_3 质量分数降低，MgO 与 Al_2O_3、Cr_2O_3 形成尖晶石的能力下降，使熔渣中残留一定的铬。

表 5.5　Al_2O_3 与熔渣界面区的 EDS 分析（质量分数，单位：%）

位置	Ca	Mg	Si	Al	Fe	Cr	O	物相
1	6.78	0.77	1.01	50.41	—	—	41.03	Al_2O_3

续表

位置	Ca	Mg	Si	Al	Fe	Cr	O	物相
2	30.28	0.39	11.59	20.55	—	—	37.19	$CaO-MgO-Al_2O_3-SiO_2$
3	30.63	1.49	12.97	17.51	—	—	37.40	玻璃相
4	30.44	3.93	16.27	11.27	0.93	—	37.16	
5	32.82	4.50	15.80	8.01	1.97	0.65	36.25	

根据以上实验结果与分析可推断 Al_2O_3 对不锈钢渣的改质机理，如图 5.15 所示。当 Al_2O_3 加入高温熔融的不锈钢渣中时，基于热量径向传导和熔渣的侵蚀作用，Al_2O_3 会快速溶解并向熔渣内扩散，从而在 Al_2O_3 与熔渣间形成一个高 Al_2O_3 含量区。此时，MgO 会与 Al_2O_3 及 Cr_2O_3 反应形成含少量铬的镁铝尖晶石相，Mg 和 Cr 质量分数随之降低。在邻近反应区的熔渣本体内，渣中 Cr_2O_3 会和 Al_2O_3、MgO 等组元发生反应（5.8），形成含少量铝的镁铬尖晶石相，各区域内 Cr 和 Al 元素含量的变化示意图如图 5.15 所示。

$$(MgO)_{slag} + (Cr_2O_3)_{slag} + (Al_2O_3)_{slag} \longrightarrow (Mg)(Cr, Al)_2O_4 \tag{5.8}$$

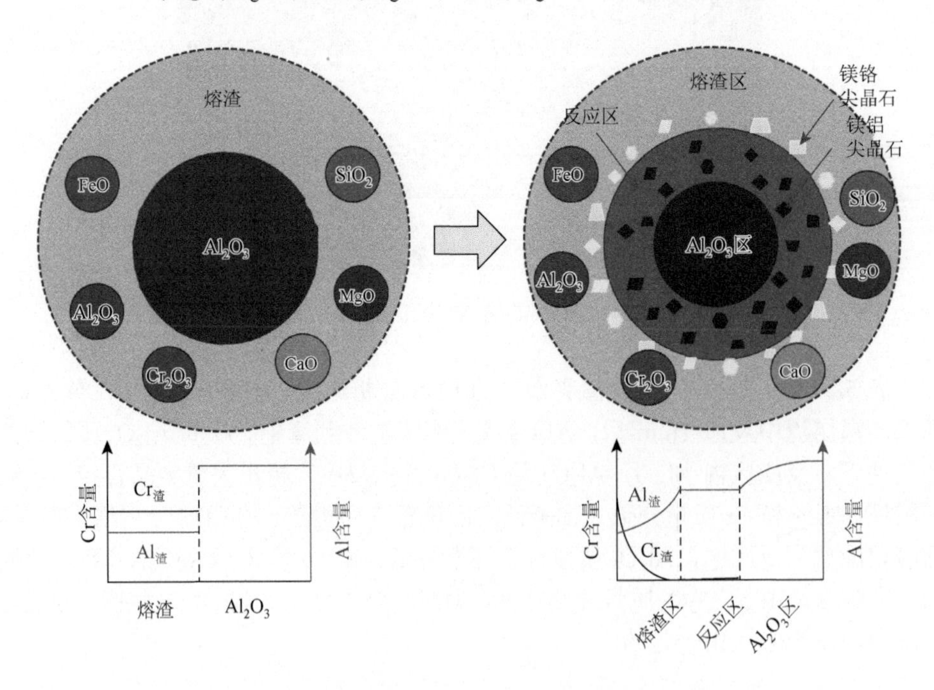

图 5.15　Al_2O_3 对不锈钢渣中尖晶石形成的影响机制

5.4.3　铬溶出行为

图 5.16 为不同 Al_2O_3 含量渣样在 pH = 3.2 的硫酸-硝酸溶液体系中铬的溶出量。由图 5.16 可知，Al_2O_3 质量分数为 4%的渣样中，铬的溶出量为 0.62mg/L。随着 Al_2O_3 质量分数的提高，渣样中铬的溶出量明显减小。当渣样中 Al_2O_3 质量分数为 8%时，铬的溶出量减小到 0.38mg/L；当渣样中 Al_2O_3 质量分数为 12%时，浸出液中未检测到铬（检出限为 0.01mg/L）。

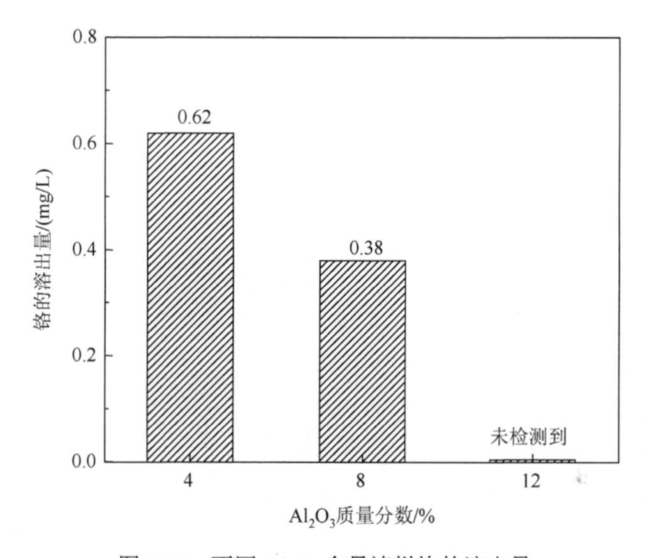

图 5.16　不同 Al_2O_3 含量渣样铬的溶出量

综上所述，Al_2O_3 含量的提高促进了不锈钢渣中的铬向尖晶石相的富集，降低了铬在标准浸出液中的溶出风险，提高了铬的稳定化效果。

由 MnO 和 Al_2O_3 改质的结果可知，向不锈钢渣中添加一定量的 MnO 和 Al_2O_3 均能促进铬向稳定的尖晶石相富集，降低铬的释放能力。但 Al_2O_3 改质渣中铬溶出量明显小于 MnO 改质渣，可能的原因是 Al_2O_3 改质有利于形成较为稳定的钙铝黄长石相，并抑制蔷薇辉石相的析出，从而减小了铬的溶出量。

5.5　本 章 小 结

本章主要考察了改质剂对不锈钢渣中铬的赋存行为和溶出能力的影响作用，并以 MnO 和 Al_2O_3 为主要对象，开展了理论和实验研究。在本实验条件下，得到如下结论。

（1）MnO 和 Al_2O_3 含量的提高能促进铬向尖晶石相的富集。在 1600℃下，当 MnO 和 Al_2O_3 质量分数分别为 8%和 12%时，铬的富集度可达 93.8%和 89.9%；当以 3℃/min 的速率缓冷到 1300℃后，除尖晶石相外，其他物相中均未检测到铬元素。

（2）MnO 和 Al_2O_3 含量的提高能减小不锈钢渣中铬的溶出量。当碱度为 1.5 的不锈钢渣中分别添加 8%的 MnO 和 12%的 Al_2O_3 后，铬的溶出量从 0.62mg/L 分别减小至 0.12mg/L 和 0.01mg/L 以下。

（3）MnO 和 Al_2O_3 对不锈钢渣的改质机理不同。MnO 加入熔渣中会熔化形成熔滴，同时渣中组元向 MnO 熔滴扩散，当满足尖晶石结晶条件时，析出含锰尖晶石晶体。Al_2O_3 加入熔渣中会在 Al_2O_3 与熔渣间形成高 Al_2O_3 含量区，析出大量镁铝尖晶石相，在邻近反应区的熔渣中，Cr_2O_3 和 Al_2O_3、MgO 等组元形成镁铬尖晶石相。

参 考 文 献

[1] Jung I H. Critical evaluation and thermodynamic modeling of the Mn-Cr-O system for the oxidation of SOFC interconnect[J]. Solid State Ionics，2006，177（7-8）：765-777.

第6章　基于冷却制度优化的矿化路线调控

由第5章可知，调控不锈钢渣中 Al_2O_3 含量可促进铬向尖晶石相富集，降低铬的溶出风险。但研究发现，不锈钢渣在1600℃下淬冷后，部分铬赋存于硅酸盐相中；降温至1300℃淬冷后，硅酸盐相中的铬含量降低到较低水平。这说明在不锈钢渣冷却过程中，铬的赋存状态会发生转变。此外，高温时析出的尖晶石晶体尺寸较小，晶体发育不完整，具有较多晶格缺陷和杂质元素，影响尖晶石相的稳定性[1]。研究证明，冷却制度对熔渣的矿化路线有十分重要的影响[2, 3]。

目前，关于冷却制度对不锈钢渣中铬的赋存状态及稳定性的影响研究较少。为了进一步实现不锈钢渣中铬的稳定化、探索有利于尖晶石的生长条件，本章研究不同冷却制度下不锈钢渣中铬的赋存状态及尖晶石的结晶行为，分析铬的稳定化效果，明确适宜的渣冷却制度。

6.1　理论分析

6.1.1　相转变行为

本节以 Al_2O_3 质量分数为12%的不锈钢渣为对象，研究1200～1800℃的平衡相组成。由图5.3（b）可知，在此温度区间内，该渣的主要物相为尖晶石相、硅酸二钙相、蔷薇辉石相和黄长石相。尖晶石相在高于1600℃时便可存在。1590℃左右时，硅酸二钙相可从渣中析出，当温度继续降低至1400℃以下时，硅酸二钙发生晶型转变（α-C_2S→β-C_2S），同时渣中会析出蔷薇辉石相和黄长石相。由热力学分析可知，随着温度的降低，不锈钢渣中尖晶石相的析出量不断增加。这表明降温过程有利于含铬尖晶石相的形成。但当温度降低至1350℃后，尖晶石相的析出量基本不变。图6.1为不锈钢渣中各组元含量随温度的变化关系。由图6.1可知，随着温度的下降，Cr_2O_3 在液相中的质量分数逐渐降低，当温度低于1300℃时，液相中的 Cr_2O_3 质量分数仅为0.1%。因此，控制适宜的冷却制度可促进铬向尖晶石相富集。

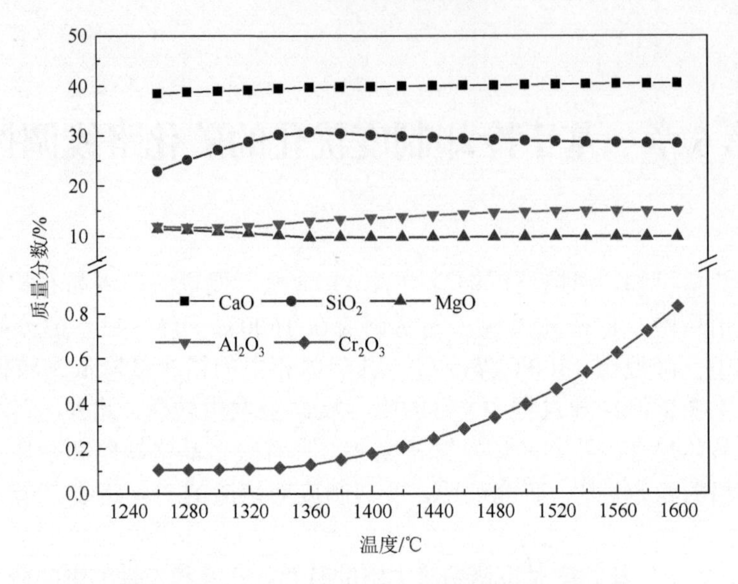

图 6.1　不锈钢渣中各组元含量随温度的变化关系

6.1.2　尖晶石结晶行为

不锈钢渣中尖晶石相结晶过程主要分为形核和生长两个阶段[4, 5]。根据经典结晶动力学模型，形核速率可表示为

$$I = DN_0 a^{-2} \exp\left(-\frac{\Delta G^*}{kT}\right) \tag{6.1}$$

式中，I 为单位体积的形核速率（$m^{-3}\cdot s^{-1}$）；D 为扩散系数（m^2/s）；T 为热力学温度（K）；k 为玻尔兹曼常数（J/K）；a 为晶格常数（m）；N_0 为单位体积原子数，且

$$N_0 = 1/a^3 \tag{6.2}$$

ΔG^*为临界晶核形成自由能，且

$$\Delta G^* = \frac{b\sigma^3}{\Delta G_V^2} \tag{6.3}$$

式中，b 为几何因子，值为 16π/3；σ 为单位相界面的新/旧相的比表面能（J/m^2）；ΔG_V 为单位体积新/旧相的自由能之差（J/mol）。

将式（6.3）代入式（6.1）中，有

$$I = \frac{DN_0}{a^2} \exp\left(-\frac{b\sigma^3}{\Delta G_V^2 kT}\right) \tag{6.4}$$

$$\Delta G_V = \frac{\Delta H_m \Delta T}{VT_m} \tag{6.5}$$

式中，ΔH_m 为摩尔熔化焓（J/mol）；V 为晶体的摩尔体积（m^3/mol）；T_m 为晶体的熔化温度（K）。

设 $\Delta T = T_m - T$，$T_r = T/T_m$，ΔT_r 为约化过冷度，$\Delta T_r = 1 - T_r$。另外，α 为液相和晶体表面的约化表面张力，β 为简约熔化热，值为 1～10。α 可表示为

$$\alpha = \frac{\left(N_A V^2\right)^{1/3} \sigma}{\Delta H_m} \tag{6.6}$$

式中，N_A 为阿伏伽德罗常数。

因此，形核速率 I 可表示为

$$I = \frac{DN_0}{a^2} \exp\left[-b\alpha^3 \beta \left(\Delta T_r^2 T_r\right)^{-1}\right] \tag{6.7}$$

根据斯托克斯-爱因斯坦（Stokes-Einstein）方程：

$$D = \frac{kT}{3\pi a \eta} \tag{6.8}$$

式中，η 为熔渣黏度（Pa·s）。

因此，形核速率 I 可表示为

$$I = N_0 kT \left(3\pi a^3 \alpha \eta\right)^{-1} \exp\left[-b\alpha^3 \beta \left(\Delta T_r^2 T_r\right)^{-1}\right] \tag{6.9}$$

按照同样的方法可求得生长速率 U 为

$$U = Dfa^{-1}\left\{1 - \exp\left[-\Delta H_m \Delta T_r \left(RT\right)^{-1}\right]\right\} \tag{6.10}$$

式中，f 为晶体表面能接收原子或分子的有效格位分数，当 $\Delta H_m < 2RT_m$ 时，$f = 1$；当 $\Delta H_m > 4RT_m$ 时，$f = 0.2\Delta T_r$，将式（6.6）和式（6.8）代入式（6.10）中，可得到晶体生长速率 U 为

$$U = \frac{fkT}{3\pi a^2 \eta}\left[1 - \exp\left(\frac{-\beta \Delta T_r}{T_r}\right)\right] \tag{6.11}$$

不锈钢渣中尖晶石的形成过程主要发生如下反应：

$$MgO(s) + Cr_2O_3(s) \longrightarrow MgCr_2O_4(s), \quad \Delta G^{\ominus} = -126800 + 47.3T \tag{6.12}$$

表 6.1 为镁铬尖晶石的熔点和结构参数，其晶格常数为 8.32×10^{-10}m，熔点为 2623K，α 为 1/3，β 为 1。

表 6.1　镁铬尖晶石的熔点和结构参数

尖晶石类型	a/m	α	β	k/(J/K)	T_m/K
$MgCr_2O_4$	8.32×10^{-10}	1/3	1	1.38×10^{-23}	2623

不锈钢渣中尖晶石相的适宜结晶温度范围很难用单一的形核和生长速率来表

示。Johnson 和 Mehl[6]研究了形核速率 I 和生长速率 U 协同控制的晶体析出体积分数 φ 的计算方法：

$$\varphi = 1 - \exp\left(-\frac{\pi}{3} I U^3 t^4\right) \tag{6.13}$$

因此，结晶速率 r 可表示为

$$r = \frac{\pi}{3} I U^3 \tag{6.14}$$

文献[4]和[7]表明，采用结晶速率 r 来计算尖晶石相生长的最佳温度范围更加合理。图 6.2 为不锈钢渣中尖晶石在不同温度下的形核、生长和结晶速率。由图 6.2 可知，形核、生长和结晶速率均有峰值温度。不锈钢渣中尖晶石晶体的适宜结晶温度为 1250～1350℃。据此，本章选取 1150～1500℃作为实验温度区间。

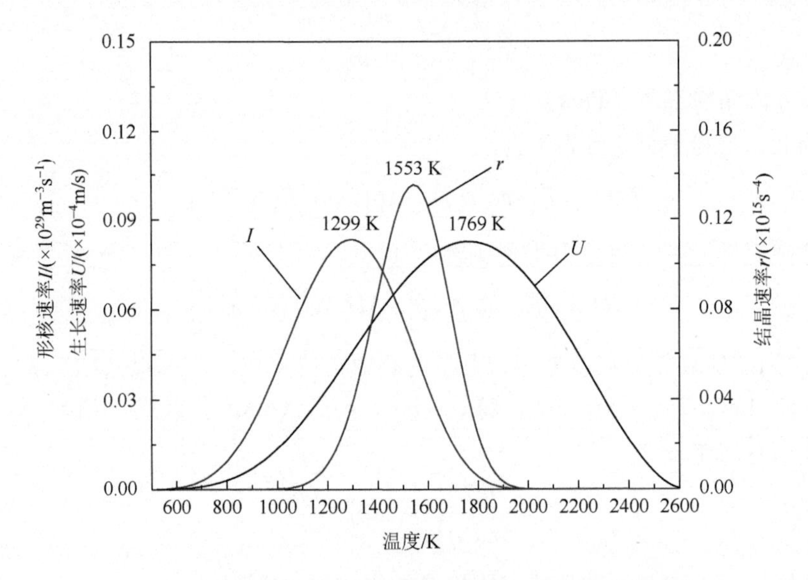

图 6.2　不锈钢渣中镁铬尖晶石相的形核、生长和结晶速率

6.2　研 究 方 法

6.2.1　实验原料与步骤

以 Al_2O_3 质量分数为 12%的不锈钢渣模拟改质渣，开展降温和恒温处理模拟实验，具体化学成分如表 6.2 所示。

表 6.2　实验渣成分（质量分数，单位：%）

成分	含量	成分	含量
CaO	40.8	Al_2O_3	12.0
SiO_2	27.2	Cr_2O_3	5.0
MgO	9.0	CaF_2	3.0
FeO	3.0		

降温处理模拟实验分为以下三个步骤。

（1）称取一定质量的实验渣置于钼坩埚内。

（2）将坩埚置于 $MoSi_2$ 管式电阻炉恒温区中加热，达到 1600℃后，恒温 30min，使炉渣充分熔化。

（3）以 5℃/min 的冷却速率降温至 1500℃、1400℃、1350℃、1300℃、1250℃、1200℃和 1150℃等温度点，并迅速取样淬冷。

恒温处理模拟实验分为以下两个步骤。

（1）与降温处理模拟实验过程的（1）和（2）一致。

（2）以 5℃/min 的冷却速率分别降温至 1400℃、1300℃、1200℃，然后分别恒温 0min、30min、60min、120min 和 240min 后快速取样淬冷。

6.2.2　检测分析方法

利用 SEM 和 XRD 仪分析不同淬冷温度下不锈钢渣的物相组成，并利用 EDS 对各相的化学组成进行分析。采用电感耦合等离子体发射光谱仪对不同淬冷温度下不锈钢渣中铬的浸出浓度进行测定，具体检测分析方法与第 4 章相同。

此外，借助金相显微镜对抛光的不锈钢渣表面进行形貌分析，并随机选取 64 个视场，采用 Image-Pro Plus6.0 图像分析软件统计尖晶石的晶粒尺寸，其晶体直径的计算方法如下：

$$D=\sqrt{\frac{4S}{\pi}} \tag{6.15}$$

式中，D 为尖晶石晶体的直径（μm）；S 为尖晶石晶体的面积（μm^2）。

$$\bar{D}=\frac{1}{n}\sum_{i=1}^{n}D_i \tag{6.16}$$

式中，$\bar{D}$ 为视场中尖晶石晶体的平均粒径（μm）；n 为视场中尖晶石晶体的数量；D_i 为第 i 个尖晶石晶体的等效圆直径（μm）。

6.3　降温过程结晶行为

6.3.1　铬赋存行为

图 6.3 为 1500℃、1400℃、1350℃、1300℃、1250℃、1200℃下淬冷试样的 SEM 图片，表 6.3 为对应条件下析出相的 EDS 分析结果。由图 6.3 和表 6.3 可知，不锈钢渣的物相组成和铬的赋存状态随着温度的降低而变化。在 1500℃下，

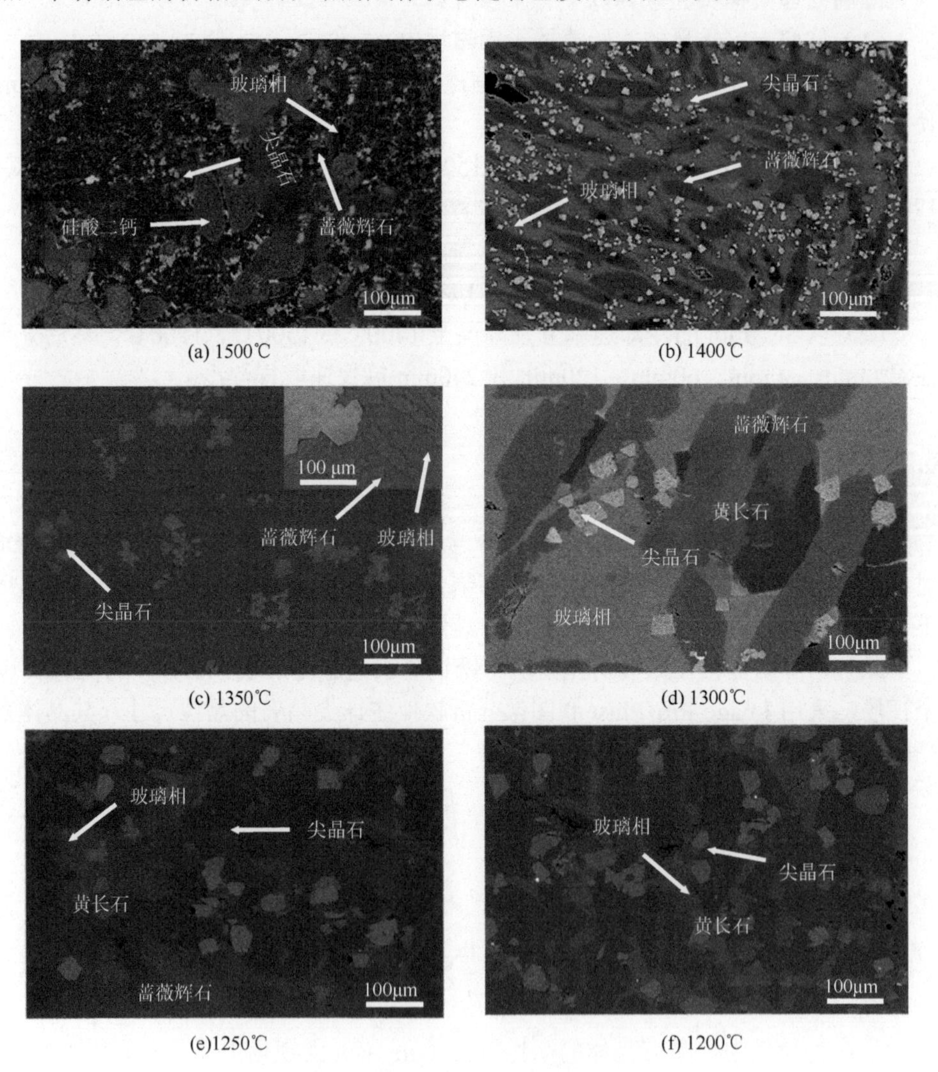

图 6.3　不同温度下淬冷试样的 SEM 图片

表 6.3　不同温度下淬冷试样的 EDS 分析结果（质量分数，单位：%）

淬冷温度	物相	Ca	Mg	Si	Al	Cr	Fe	O
1500℃	玻璃相	31.38	3.86	16.30	9.89	0.83	1.53	36.21
	尖晶石	0.90	12.55	0.00	10.07	41.95	3.41	31.12
	蔷薇辉石	37.54	6.80	17.50	1.08	0.45	1.06	35.57
	硅酸二钙	40.26	2.70	16.51	—	—	1.22	39.31
1400℃	玻璃相	32.00	2.10	14.05	7.50	0.66	4.01	39.68
	尖晶石	0.52	10.81	—	9.48	39.47	3.43	36.29
	蔷薇辉石	36.31	6.75	17.35	—	—	—	39.59
1350℃	玻璃相	30.53	4.65	17.78	6.54	0.41	3.37	36.72
	尖晶石	0.44	12.72	—	10.90	42.24	3.69	30.01
	蔷薇辉石	38.90	7.48	18.17	—	—	0.60	34.85
1300℃	玻璃相	32.85	2.54	14.57	5.07	—	3.16	41.81
	尖晶石	0.57	13.11	0.29	10.00	39.43	3.33	33.27
	蔷薇辉石	37.01	5.88	17.19	—	—	—	39.92
	黄长石	29.37	2.69	13.76	10.96	—	—	43.22
1250℃	玻璃相	33.75	2.27	14.69	4.90	—	2.82	41.57
	尖晶石	0.37	12.41	0.08	10.06	42.81	2.93	31.34
	蔷薇辉石	38.82	7.28	17.99	—	—	0.51	35.40
	黄长石	31.35	5.55	18.74	6.29	—	0.98	37.09
1200℃	玻璃相	43.82	1.63	14.92	0.60	—	0.83	38.20
	尖晶石	0.26	12.16	0.06	10.00	41.89	3.40	32.23
	黄长石	30.95	5.87	18.53	5.59	—	1.17	37.89

铬主要富集于尖晶石相中，同时玻璃相和蔷薇辉石相中分别含有 0.83%和 0.45%的铬。温度降低至 1400℃和 1350℃时，玻璃相中铬的质量分数分别降低到 0.66%和 0.41%，而其他硅酸盐相中没有检测到铬元素。温度降低至 1300℃时，铬元素几乎全部赋存于尖晶石相中，且尖晶石晶体尺寸明显增大。

图 6.4 为不同温度下淬冷试样的 XRD 图谱。由图 6.4 可知，在 1500℃淬冷时，试样的主要物相为尖晶石相、硅酸二钙相和蔷薇辉石相。随着温度的降低，物相组成逐渐发生转变。当温度降低至 1400℃时，硅酸二钙相消失，主晶相转变为尖晶石相和蔷薇辉石相；当温度下降到 1300℃时，有明显的黄长石相衍射峰出现。此外，随着温度的降低，黄长石相衍射峰逐渐增强，蔷薇辉石相衍射峰逐渐减弱，并在 1200℃时消失，主晶相转变为尖晶石相和黄长石相。由此可知，XRD 分析结果与 SEM-EDS 分析结果基本一致。

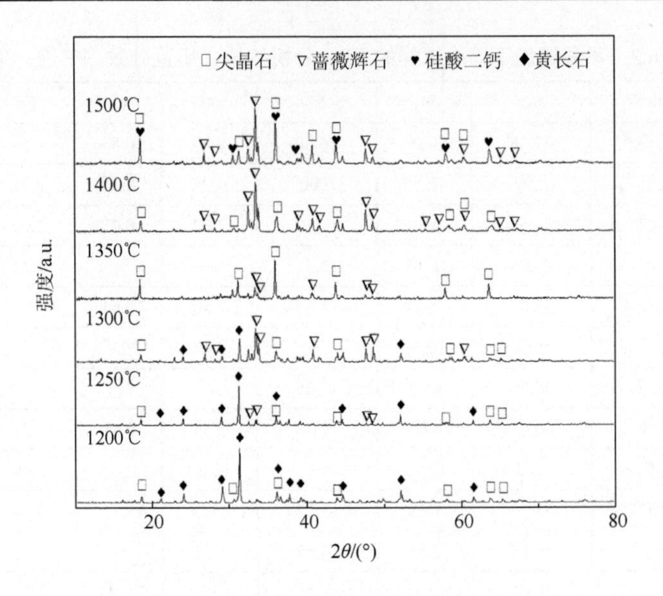

图 6.4 不同温度下淬冷试样的 XRD 图谱

为了进一步揭示冷却制度对铬赋存行为的影响，根据质量守恒定律，采用最小二乘法对不同温度下铬的赋存状态进行分析。图 6.5 为不同温度下淬冷试样铬的赋存物相。由图 6.5 可知，随着温度的降低，铬元素从玻璃相和蔷薇辉石相等向尖晶石相迁移。温度从 1500℃降低至 1300℃，铬在尖晶石相中的富集度由 88.5%

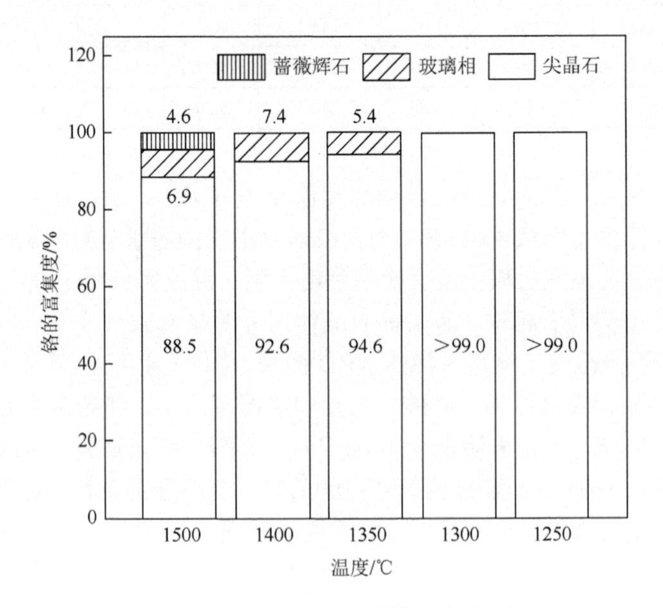

图 6.5 不同温度下淬冷试样铬的赋存物相

提升至接近 100%。结果表明，熔渣缓冷有利于促进铬向尖晶石相富集。其主要原因为随着温度的降低，MgO 与 Cr_2O_3 反应生成 $MgCr_2O_4$ 的吉布斯自由能下降，有利于尖晶石相形成。此外，随着硅酸二钙和蔷薇辉石晶体的生长发育，固溶的铬会逐渐外排，参与尖晶石相的生成反应。

6.3.2　尖晶石结晶行为

图 6.6 和图 6.7 为不同温度下淬冷试样中尖晶石晶体尺寸分布（crystal size distribution，CSD）和平均粒径。从图 6.6 和图 6.7 中可以看出，温度从 1500℃降低至 1400℃，尖晶石晶体尺寸没有明显的变化，主要为 4～12μm。随着淬冷温度的降低，尖晶石晶体尺寸逐渐向大粒径方向迁移，并逐渐服从正态分布。其中，在 1350℃时，尖晶石晶体尺寸主要为 8～16μm。当温度降低到 1200℃时，大部分尖晶石晶体尺寸为 24～28μm。但是，继续降低温度对尖晶石 CSD 影响不大，这说明降低到一定温度后，尖晶石晶体无明显生长趋势。

研究还发现，在 1500℃时，尖晶石晶体的平均粒径较小。温度降低到 1400℃，尖晶石晶体平均粒径仅从 6.5μm 增长到 8.5μm。随着温度的继续降低，不锈钢渣中尖晶石晶体在 1200～1400℃快速生长，平均粒径从 8.5μm 增长到 27.9μm。温度降至 1200℃以下，尖晶石晶体的生长速率明显下降；降温到 1150℃后，尖晶石晶体平均粒径为 28.3μm。这是由于后期渣接近凝固，尖晶石生长的动力学条

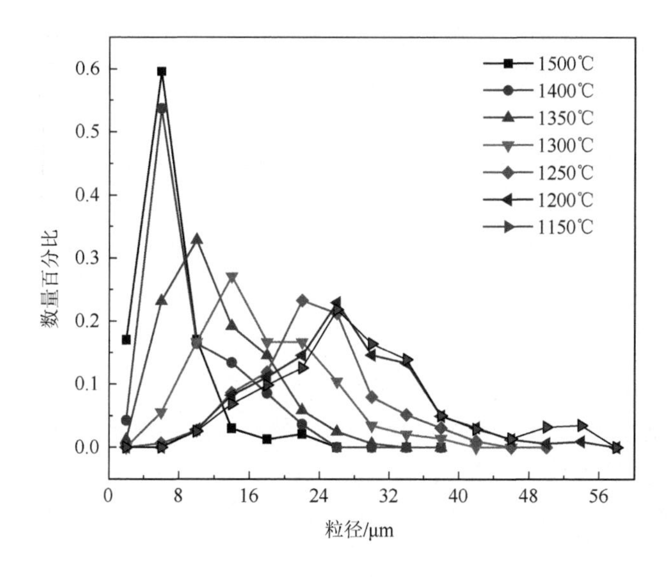

图 6.6　不同温度下淬冷试样中尖晶石 CSD 曲线

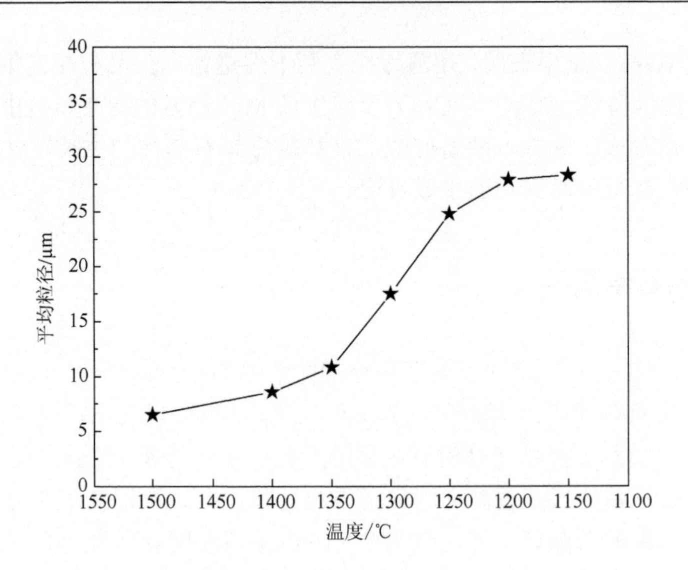

图 6.7　不同温度下淬冷试样中尖晶石晶体的平均粒径

件不足。研究认为，该渣尖晶石晶体的最佳生长温度为 1200～1400℃，与热力学计算结果基本一致。

6.4　恒温过程结晶行为

由降温处理模拟实验研究发现，尖晶石晶体在 1200～1400℃有明显的生长趋势。选取 1400℃、1300℃、1200℃三个温度，分别恒温 0min、30min、60min、120min 和 240min，取样分析特定温度下铬赋存状态及尖晶石晶体生长行为，同时对比分析恒温和降温过程中铬赋存状态及尖晶石相平均粒径的变化规律。

6.4.1　铬赋存行为

图 6.8 为不同温度恒温 240min 淬冷试样的 SEM 图片，其对应的 EDS 分析结果如表 6.4 所示。由图 6.8 和表 6.4 可知，在特定温度下恒温一段时间后，其物相组成和铬的赋存状态没有明显变化。在 1400℃恒温 240min 后，铬仍主要赋存于尖晶石相和玻璃相中，同时玻璃相中铬的质量分数基本不变。在 1300℃和 1200℃恒温 240min 后，铬仍主要赋存于尖晶石相中，与恒温 0min 时没有明显差别。实验结果表明，恒温过程对铬的赋存状态无明显影响。

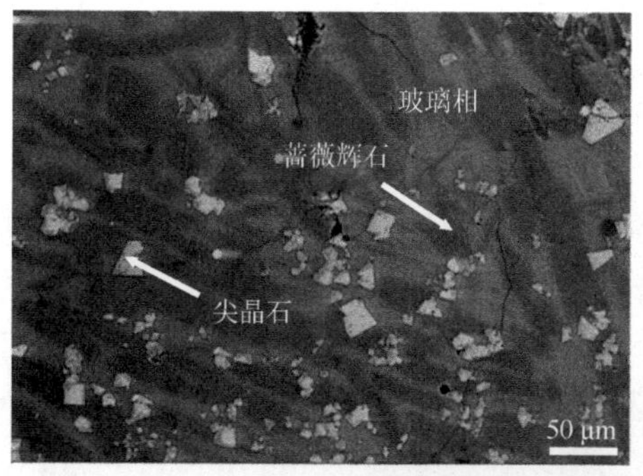

(a) 1400℃

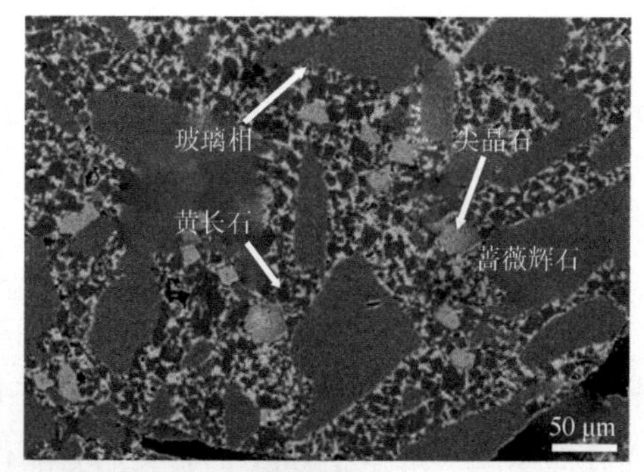

(b) 1300℃

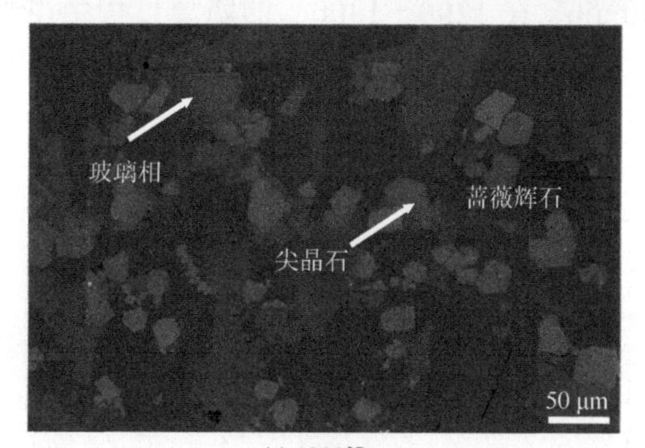

(c) 1200℃

图 6.8　不同温度恒温 240min 淬冷试样的 SEM 图片

表 6.4　不同温度恒温 240min 淬冷试样的 EDS 分析结果（质量分数，单位：%）

恒温温度	物相	Ca	Mg	Si	Al	Cr	Fe	O
1400℃	玻璃相	31.62	2.45	14.09	5.07	0.58	3.67	42.52
	尖晶石	0.57	11.39	—	12.99	32.36	3.91	38.78
	蔷薇辉石	36.24	6.70	17.08	—	—	—	39.98
1300℃	玻璃相	32.77	2.43	14.45	5.12	—	3.28	41.95
	尖晶石	0.63	11.20	—	9.98	37.07	2.87	38.25
	蔷薇辉石	36.02	6.66	16.98	—	—	—	40.34
	黄长石	30.56	3.15	15.14	12.93	—	1.05	37.17
1200℃	玻璃相	37.86	2.34	13.75	4.00	—	2.91	39.14
	尖晶石	0.97	12.36	0.19	10.02	42.64	2.92	30.90
	黄长石	31.35	5.55	18.74	6.29	—	0.98	37.09

6.4.2　尖晶石结晶行为

图 6.9 为不同温度恒温过程尖晶石晶体平均粒径的变化趋势。从图 6.9 中可以看出，随着恒温时间的延长，尖晶石晶体的平均粒径有所增大。但相比降温过程，晶体生长趋势并不明显。当试样在 1400℃下恒温 30min 后，尖晶石晶体的平均粒径仅从 8.5μm 增长到 10.4μm。与降温过程对比，当从 1400℃以 5℃/min 的冷却速率下降至 1300℃时，尖晶石晶体的平均粒径却从 8.5μm 增长到 17.3μm，整个降温过程仅 20min。在 1200～1300℃的降温过程中也出现了类似现象。对比恒温和降温处理模拟实验结果可知，在本研究条件下，降温是尖晶石生长的主要驱动力。

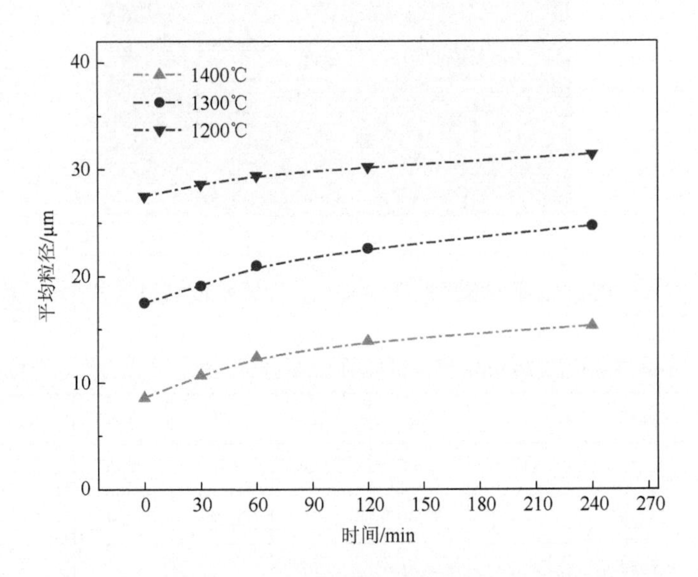

图 6.9　不同温度恒温过程尖晶石晶体平均粒径的变化趋势

6.5　铬溶出行为

基于恒温和降温处理模拟实验结果，采用标准浸出液对不同温度淬冷试样中铬的溶出量进行研究，得到的实验结果如图 6.10 所示。由图 6.10 可知，温度较高时，渣中铬的溶出量较大。1500℃时，铬的溶出量达到 0.70mg/L。随着温度降低，渣中铬的溶出量呈现减小趋势，1400℃时，铬的溶出量仅为 0.28mg/L。当温度降低至 1300℃以下时，浸出液中未检测到铬的溶出（检出限为 0.01mg/L）。

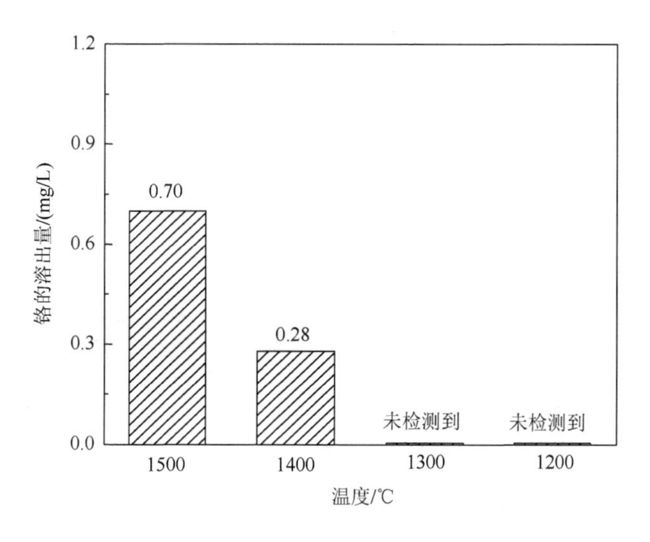

图 6.10　不同温度淬冷试样铬的溶出量

6.6　尖晶石生长机制

不锈钢渣中尖晶石晶体生长机理的研究有助于了解其生长过程和限制因素，但是采用经典动力学理论难以模拟矿相的生长机制[8]。Eberl 等[9]提出不同形状的 CSD 曲线对应不同的矿相生长机制。矿相的 CSD 形状主要有三种，如图 6.11 所示。

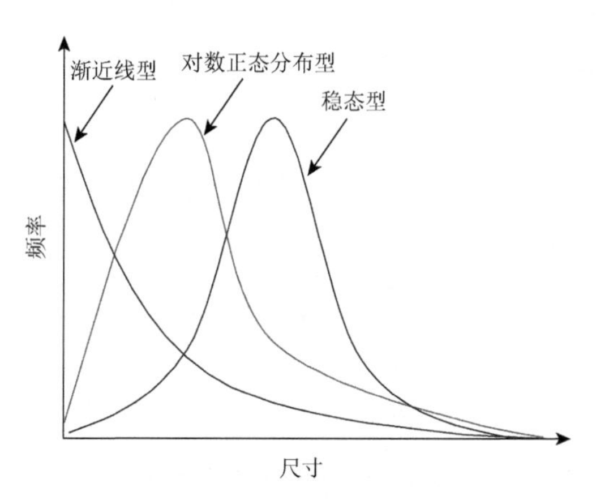

图 6.11　CSD 曲线的三种基本形状

（1）渐近线型：形核速率恒定或增加的结晶过程。

（2）对数正态分布型：界面反应控制的形核速率下降的结晶过程，CSD 向小粒径的方向偏移。

（3）稳态型：扩散控制的奥斯特瓦尔德熟化，CSD 保持原有形状，并向大粒径的方向偏移。

Eberl 等[9]对 CSD 进行对数正态分布拟合，通过分析 α 和 β^2 的变化规律及 CSD 规律推断了尖晶石的生长机制，如图 6.12 所示。

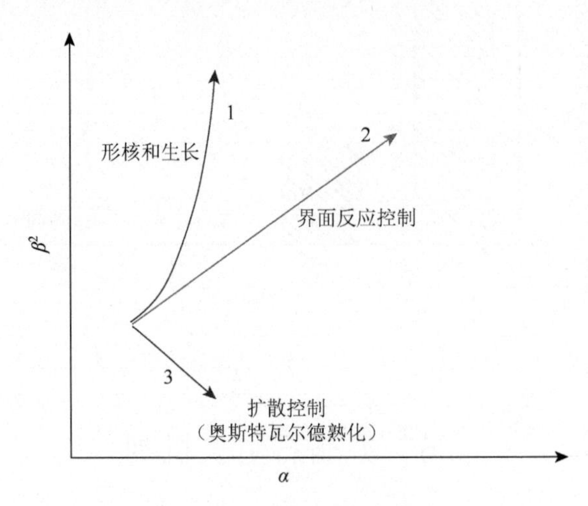

图 6.12　不同生长机制示意图

当 CSD 形状为对数正态分布时，晶体尺寸可表示为

$$f(D)=\frac{1}{D\beta\sqrt{2\pi}}\exp\left[-\frac{(\ln D-\alpha)^2}{2\beta^2}\right] \tag{6.17}$$

式中，$f(D)$ 为晶体尺寸 D 的函数，如果 $f(D)$ 为晶体尺寸 D 的分布频率，α 可表示为对数晶体尺寸的均值：

$$\alpha=\sum_{i=1}^{n}\ln D f(D) \tag{6.18}$$

β^2 表示对数晶体尺寸的方差：

$$\beta^2=\sum_{i=1}^{n}[\ln D-\alpha]^2 f(D) \tag{6.19}$$

基于 CSD 理论，晶体生长机制及其特征可以概括为表 6.5。

表 6.5　晶体生长机制及其特征

生长机制	CSD 形状	β^2 和 α 关系
形核速率恒定或增加	渐近线型	β^2 随着 α 增加呈指数增加
界面反应控制的形核速率降低	对数正态分布型	β^2 随着 α 增加呈线性增加
扩散控制的奥斯特瓦尔德熟化	稳态型	β^2 随着 α 增加而减小

CSD 理论已被广泛应用于熔渣中晶体生长过程的机理分析。Diao 等[7]采用 CSD 理论分析钒渣冷却过程中尖晶石晶体的生长机制，认为尖晶石生长分为两个阶段。当温度为1250～1400℃时，尖晶石晶体生长机制为形核速率不变或增大的结晶过程，且 β^2 随着 α 增加呈指数增加。当温度低于 1250℃时，尖晶石晶体生长机制转变为界面反应控制的结晶过程，且 β^2 随着 α 增加呈线性增加。Wu 等[10]研究了含钒钢渣中钒富集相的生长机制，认为随着 P_2O_5 质量分数的提高，钒富集相的生长机制从扩散控制的生长过程转变为界面反应控制的生长过程。Yang 等[11]认为含磷转炉渣中富磷 Ca_2SiO_4 晶体是扩散控制的奥斯特瓦尔德熟化生长过程。

从图 6.6 中可以看出，当温度为 1300～1500℃时，尖晶石 CSD 曲线为对数正态分布型。随着温度的降低，尖晶石 CSD 曲线转变为稳态型。根据图 6.13 中 β^2 和 α 之间的关系可知，在 1300～1500℃降温过程中，尖晶石生长机制为界面反应控制的结晶过程，这表明这段温度区间内尖晶石晶体生长受界面反应限制。当温度下降至 1300℃以下时，尖晶石 CSD 曲线几乎不发生变化，且 β^2 随着 α 的增加而减小，可以推断 1300～1150℃降温过程中，尖晶石晶体生长为扩散控制的奥斯特瓦尔德熟化，其生长过程受到渣中生长基元的扩散限制。

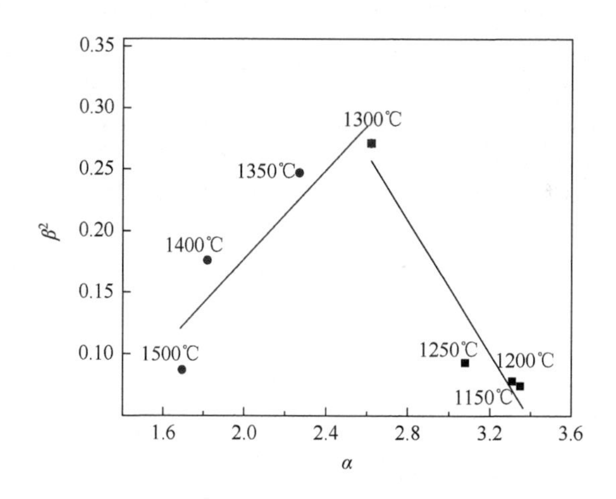

图 6.13　不同温度下 α 和 β^2 之间的关系

6.7　本 章 小 结

本章主要考察了冷却制度对不锈钢渣中铬的赋存状态、溶出行为及尖晶石生长行为的影响。在本实验条件下，得到如下结论。

（1）铬的富集度和稳定性随着温度的降低而逐渐提高，在 1500℃时，铬在尖晶石相中的富集度为 88.5%。当温度以 5℃/min 下降至 1300℃时，铬几乎完全富集于尖晶石相中，同时铬的溶出量也从 0.70mg/L 减小至 0.01mg/L 以下。

（2）冷却制度对尖晶石晶体生长行为具有重要影响。在 1200～1400℃的降温过程中，尖晶石晶体生长速率较高，平均粒径可由 8.5μm 增长到 27.9μm。降温到 1150℃后，尖晶石晶体生长趋于缓慢。

（3）降温过程中尖晶石生长主要分为两个阶段：温度为 1300～1500℃时，主要为界面反应控制的结晶过程；低于 1300℃后，为扩散控制的奥斯特瓦尔德熟化过程。

参考文献

[1] Samada Y，Miki T，Hino M. Prevention of chromium elution from stainless steel slag into seawater[J]. ISIJ International，2011，51（5）：728-732.

[2] Diao J，Xie B，Wang Y，et al. Mineralogical characterisation of vanadium slag under different treatment conditions[J]. Ironmaking and Steelmaking，2009，36（6）：476-480.

[3] Zhang X，Xie B，Diao J，et al. Nucleation and growth kinetics of spinel crystals in vanadium slag[J]. Ironmaking and Steelmaking，2012，39（2）：147-153.

[4] Uhlmann D R. A kinetic treatment of glass formation[J]. Journal of Non-Crystalline Solids，1972，7（4）：337-348.

[5] Turnbull D. Formation of crystal nuclei in liquid metals[J]. Journal of Applied Physics，1950，21（10）：1022-1028.

[6] Johnson W A，Mehl R F. Reaction kinetics in processes of nucleation and growth[J]. Transaction of American Institute of Mining，Metallurgical，and Petroleum Engineers，1939，135：416-458.

[7] Diao J A，Qiao Y，Zhang X E，et al. Growth mechanisms of spinel crystals in vanadium slag under different heat treatment conditions[J]. CrystEngComm，2015，17（38）：7300-7305.

[8] Turnbull D，Cech R E. Microscopic observation of the solidification of small metal droplets[J]. Journal of Applied Physics，1950，21（8）：804-810.

[9] Eberl D D，Drits V A，Srodon J. Deducing growth mechanisms for minerals from the shapes of crystal size distributions[J]. American Journal of Science，1998，298（6）：499-533.

[10] Wu X R，Li L S，Dong Y C. Experimental crystallization of synthetic V-bearing steelmaking slag with Al_2O_3 doped[J]. Journal of Wuhan University of Technology- Materials Science Edition，2005，20（2）：63-66.

[11] Yang G M，Wu X R，Li L S，et al. Growth of phosphorus concentrating phase in modified steelmaking slags[J]. Canadian Metallurgical Quarterly，2012，51（2）：150-156.

第 7 章　基于搅拌处理的生长运移调控

一般来讲，熔渣中晶核生成以后，晶体生长单元（离子或离子团）由熔渣本体向晶体与熔体界面扩散，并参与结晶反应，保证晶体持续生长。因此，晶体生长速率取决于基元扩散到晶核表面的速率和基元加入晶体结构的速率，这与结晶过程的动力学条件密切相关。由地球化学、成因矿物学和实验岩石学相关研究成果可知，地壳运动产生的剪切应力是促使大型铬铁矿体形成的重要因素，它对尖晶石的生长、聚集等行为具有重要的影响[1, 2]。King 等[3]认为地幔蛇绿岩的高温塑性变形能够产生对流运动剪切区，即扭转应力比较集中的构造部位，新生铬铁矿在剪切应力作用下随岩浆运动得到基元的持续补给，促进了晶体的生长发育。对罗布莎豆荚状铬铁矿的成矿原因进行研究时发现，矿群普遍存在于含矿岩相构造带的次级强烈扭动、挤压部位，矿体的展布方向和剪切应力轨迹网络一致[4]。

由上述研究可知，剪切力场对于铬铁矿结晶动力学条件起到明显的改善作用，铬铁矿的熔浆与不锈钢渣均是以 $CaO-SiO_2-MgO-FeO-Al_2O_3-Cr_2O_3$ 为主的系统，其组成上具有相似性。因此，本章在不锈钢改质渣中引入搅拌装置，通过搅拌形成的剪切力场来强化含铬尖晶石晶体的生长，并对搅拌作用下尖晶石晶体的生长运移机制开展研究。

7.1　研 究 方 法

7.1.1　实验原料与步骤

本章的实验渣成分如表 6.2 所示，采用改造的高温熔体物性测定仪进行实验，实验装置示意图如图 7.1 所示。该装置主要由控制柜、高温管式炉、控温热电偶、测温热电偶等组成，并在设备上安装搅拌装置，通过传感器控制钼质搅拌桨的转速，调节对试样施加的搅拌速率。

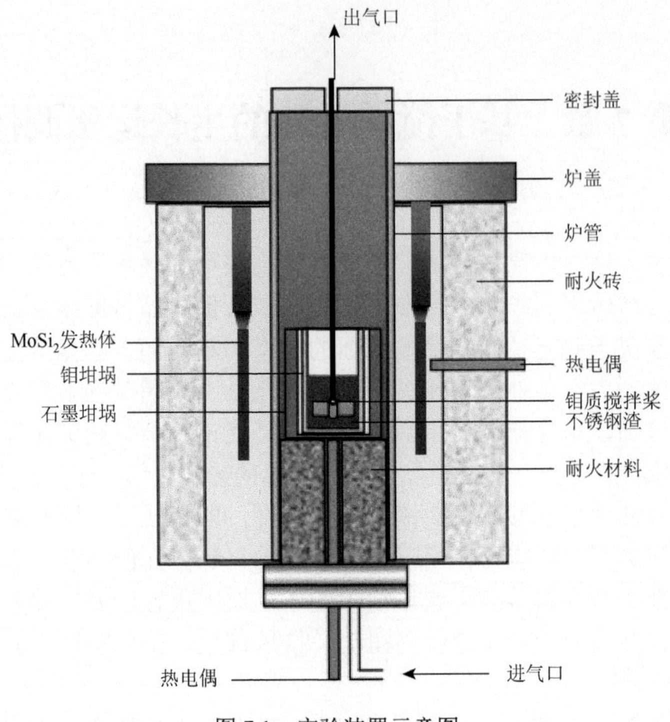

图 7.1　实验装置示意图

取 150g 渣样放入钼坩埚内，然后将坩埚置于高温熔体物性测定仪的恒温区中。实验过程中不断通入氩气，以保证炉内的惰性气氛。当温度达到 1600℃后，恒温 30min，使炉渣充分熔化。缓慢冷却到 1500℃，将搅拌桨浸入坩埚液面以下并开启搅拌，分别在不同搅拌速率（25r/min、50r/min、75r/min、100r/min）下作用 15min、30min、45min 和 60min，快速取样淬冷，具体实验条件参数如表 7.1 所示。

表 7.1　实验条件参数

编号	搅拌速率/(r/min)	搅拌时间/min
1#	0（对照试样）	0（对照试样）、15、30、45、60
2#	25	
3#	50	
4#	75	
5#	100	

为研究搅拌作用后冷却过程的尖晶石生长行为，开展降温处理模拟实验。试

样在 1500℃时搅拌 60min 后，撤除搅拌桨，然后以 5℃/min 的速率冷却到 1150℃，并在降温过程中分别在 1400℃、1350℃、1300℃、1250℃、1200℃和 1150℃进行取样淬冷分析。

7.1.2　检测分析方法

利用 SEM 对各组试样的微观形貌进行分析，并利用 XRD 仪对不同搅拌速率作用下试样结晶效果进行表征。采用金相显微镜对抛光的试样表面进行形貌分析，随机选取 64 个视场，并采用 Image-Pro Plus6.0 图像分析软件统计尖晶石的晶粒尺寸，检测分析方法与第 6 章相同。

7.2　尖晶石尺寸变化

1500℃时搅拌处理后，各组试样中尖晶石的微观形貌及尖晶石 CSD 的演变规律分别如表 7.2 和图 7.2 所示。由表 7.2 和图 7.2 可知，对于 1#（未加搅拌）、2#（搅拌速率为 25r/min）和 3#（搅拌速率为 50r/min）试样，在初始状态下，尖晶石尺寸大致分布在 4～8μm，随着恒温时间的延长，尺寸均有增大。其中，对于未加搅拌作用的 1#试样，恒温 60min 后，尺寸小于 6μm 的晶体比例明显下降，尺寸为 8～10μm 的晶体比例有所提高。随着搅拌速率的提高，尖晶石尺寸的增长趋势有所上升。当搅拌速率为 50r/min 时，尖晶石尺寸主要分布在 8～12μm，对晶体的生长有明显的促进作用。这主要是由于搅拌作用的加入改善了渣中各组元的扩散条件，为尖晶石提供了较好的结晶动力学条件，从而促进尖晶石晶体的长大。

继续提高搅拌速率对尖晶石的结晶作用影响发生了改变。由表 7.2 和图 7.2 可知，相较于 3#试样，4#（搅拌速率为 75r/min）试样尖晶石的生长速率有所降低。当搅拌速率提高到 100r/min 时，尖晶石晶体的尺寸几乎不再发生变化，同时单位面积内尖晶石的数量有所增加。这说明搅拌速率过高，易造成晶体的细化和数密度的增加，不利于得到大尺寸尖晶石晶体。

表 7.2　不同搅拌速率和时间条件下试样的 SEM 图片

试样编号	0min	30min	60min
1#	20μm	20μm	20μm

续表

试样编号	0min	30min	60min
2#	20μm	20μm	20μm
3#	20μm	20μm	20μm
4#	20μm	20μm	20μm
5#	20μm	20μm	20μm

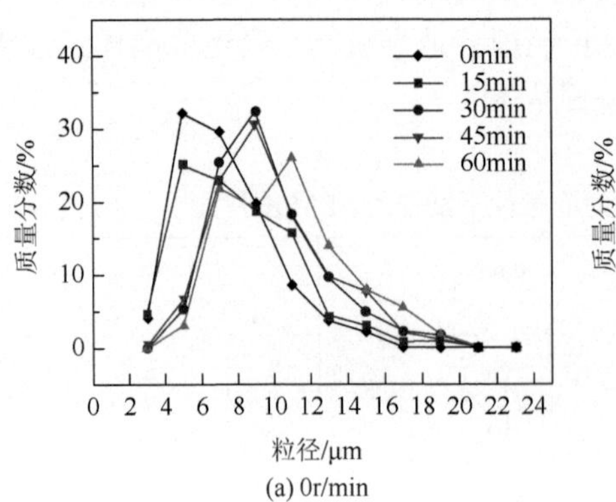

(a) 0r/min

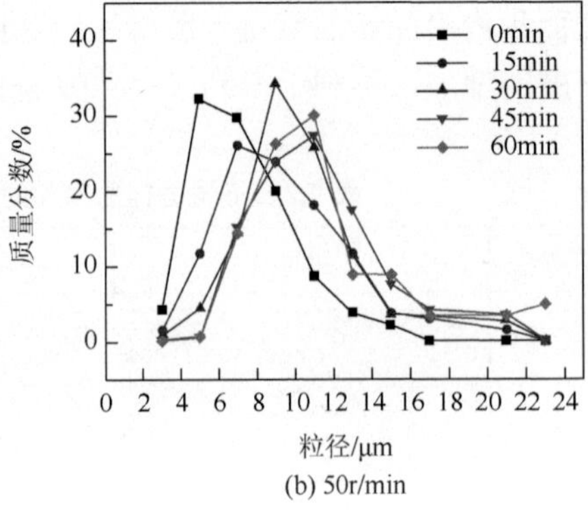

(b) 50r/min

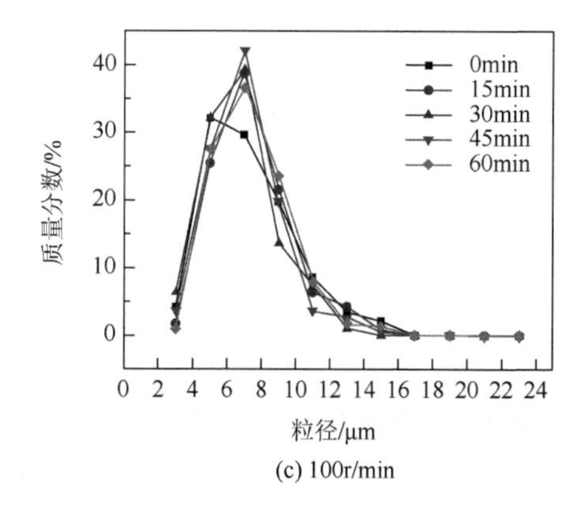

(c) 100r/min

图 7.2　不同搅拌速率和时间条件下尖晶石 CSD 曲线

此外，对不同搅拌速率下尖晶石的平均粒径进行计算，结果如图 7.3 所示。由图 7.3 可知，对于 1#试样，恒温时间从 0min 延长到 60min，尖晶石的平均粒径仅从 7.4μm 增长到 8.4μm，这说明在静态条件下尖晶石缓慢生长。当搅拌速率为 25r/min 时，尖晶石的平均粒径从 7.4μm 增大到 9.3μm，这说明搅拌速率为 25r/min 的条件有利于促进尖晶石的生长，但效果仍不明显。当搅拌速率为 50r/min 时，搅拌处理对尖晶石生长起明显的促进作用，恒温 60min 后尖晶石平均粒径达到 11.7μm。随着搅拌速率继续增加到 75r/min，搅拌处理对尖晶石的生长促进作用开始减弱，恒温 60min 后尖晶石平均粒径减小到 10.2μm。当搅拌速率提高到 100r/min 时，随着搅拌时间的延长，尖晶石的平均粒径基本不变。实验结果表明，过高的搅拌速率不利于熔渣中尖晶石的生长。

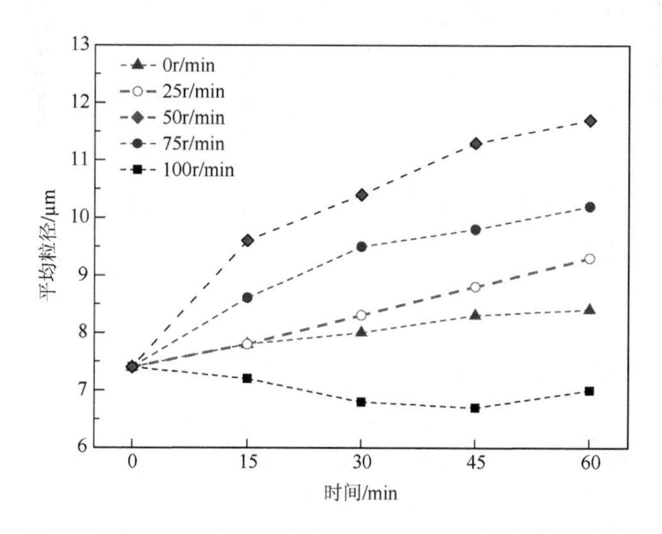

图 7.3　不同搅拌速率下尖晶石的平均粒径随时间的变化关系

利用 XRD 仪和 Xpert HighScore 多峰分离应用软件对尖晶石相二强峰的半峰宽进行分析，如表 7.3 所示。由式（7.1）可知，对于特定的物相，晶粒垂直于晶面方向的平均尺寸与其对应衍射峰的半峰宽成反比。因为表 7.3 中的数据未经过仪器因子校正，所以不能采用谢乐（Scherrer）公式对其进行定量计算。但考虑到仪器宽化现象对于不同条件下生成的同一物相的影响程度相同，即参考标准一样，可以利用表中数据及谢乐公式比较不同搅拌速率下同一物相的晶体尺寸。从表 7.3 中可以看出，添加搅拌作用后，尖晶石所对应衍射峰的半峰宽发生明显变化。当搅拌速率为 50r/min 时，尖晶石衍射峰的半峰宽最小；当搅拌速率提高至 100r/min 时，尖晶石衍射峰的半峰宽超过静态结果。这说明适宜的搅拌速率有利于尖晶石的结晶生长，搅拌速率过高会产生不利影响。

表 7.3　不同搅拌速率下尖晶石相对应主衍射峰的半峰宽

编号	搅拌速率/(r/min)	尖晶石相半峰宽/nm	
		(311)	(400)
1#	0	0.1968	0.2755
3#	50	0.1574	0.2362
5#	100	0.2362	0.3149

$$D = \frac{K\lambda}{B\cos\theta} \tag{7.1}$$

式中，K 为谢乐常数，若 B 为衍射峰的半峰宽，则 $K = 0.89$；λ 为 X 射线波长，1.5406 Å；D 为晶粒垂直于晶面方向的平均尺寸（nm）；θ 为衍射角（rad）。

7.3　尖晶石数量变化

为了明确搅拌速率对尖晶石数量变化的影响，采用 Image-Pro Plus6.0 图像分析软件统计分析单位面积内尖晶石晶体数量（尖晶石数密度，N_T）的变化趋势，并定义 N_{T0} 为 0 时刻的尖晶石数密度，结果如图 7.4 所示。从图 7.4 中可以看出，搅拌速率对尖晶石数密度有明显的影响。静态改质时，随着恒温时间的延长，尖晶石数密度逐渐减小，恒温 60min 后，尖晶石数密度从 1070mm^{-2} 减小到 587mm^{-2}。当搅拌速率为 50r/min 时，尖晶石数密度急剧减小，搅拌 15min 后，尖晶石数密度从 0 时刻的 1070mm^{-2} 减小到 570mm^{-2}，且随着搅拌时间的延长，尖晶石数密度进一步减小，恒温 60min 后，尖晶石数密度减小到 354mm^{-2}。但进一步提高搅拌速率，尖晶石数密度开始增大，且在搅拌速率为 100r/min 时，随着搅拌时间的延长，尖晶石数密度在初始阶段明显增大，直到 30min 后才有所减小。这说明在该实验条件下，高搅拌速率促进了尖晶石晶体的形核。

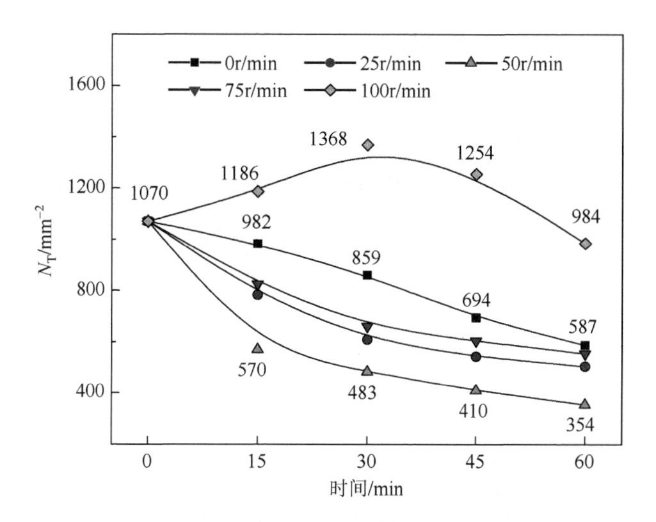

图 7.4　不同搅拌速率下尖晶石数密度随时间的变化关系

综上所述，静态条件下不锈钢渣中尖晶石生长较为缓慢，搅拌速率为 50r/min 时尖晶石生长速率较高，同时尖晶石数密度明显减小，这说明在一定的搅拌速率范围内，搅拌作用的施加有利于不锈钢渣中尖晶石的长大。当搅拌速率为 100r/min 时，尖晶石晶体的平均粒径明显降低，且数密度增大，这说明搅拌速率过高会抑制尖晶石晶体的生长。

严希康[5]认为晶体直径取决于晶体生长速率与形核速率间的关系。如果晶体生长速率大于形核速率，可得到粗大而规则的晶体；反之，得到不规则的晶体，且晶体细小。这是由于晶体生长主要包括两个过程：①分子扩散过程，溶质从溶液主体扩散，并通过液膜到达晶体表面；②表面化学反应过程，固-液界面上溶液中的物质与晶体表面的物质结合或沉积。在稳态条件下，如果分子扩散和表面结合速率同时存在，晶体生长总速率可表示为

$$\frac{\mathrm{d}L_c}{\mathrm{d}t}=\frac{2\beta_c/\left(\alpha_c\rho_c\right)}{1/k_d+1/k_s}\cdot\left(c_0-c_s\right) \tag{7.2}$$

式中，L_c 为定义的晶体特征长度（m）；k_d 为扩散速率常数；k_s 为表面结合速率常数；ρ_c 为晶体的密度（kg/m^3）；c_0 为液相主体浓度（mol/m^3）；c_s 为晶体表面的浓度（mol/m^3）；α_c 为晶体的体积因子；β_c 为晶体的表面因子。

单晶生长速率常数可表示为

$$K_{\mathrm{g}} = \frac{2\beta_{\mathrm{c}} / (\alpha_{\mathrm{c}}\rho_{\mathrm{c}})}{1/k_{\mathrm{d}} + 1/k_{\mathrm{s}}} \tag{7.3}$$

高温熔渣中加入搅拌的处理改善了晶体结晶动力学条件，促进了基元的扩散，提高了晶体的生长速率。但强烈搅拌会导致二次形核的产生，二次形核的机理主要为流体剪切力形核及接触形核。流体剪切力形核是指当饱和溶液以较大流速流过正在生长的晶体表面时，流体边界层所在的剪切力能将一些附着在基元上的粒子扫落而形核。接触形核是指当晶体与固体物接触时，由撞击所产生的晶体表面的碎粒而形核。在结晶器内，接触形核包含晶体与搅拌桨之间的碰撞形核、晶体与结晶器表面或挡板的碰撞形核，以及晶体与晶体之间的碰撞形核等[6]。

在实际生产过程中，可用经验公式（7.4）来具体描述二次形核速率：

$$B_{\mathrm{n}} = K_{\mathrm{b}} \Delta c^{h} M_{\mathrm{t}}^{n} N^{m} \tag{7.4}$$

式中，B_{n} 为二次形核速率（$\mathrm{m^{-3} \cdot s^{-1}}$）；$K_{\mathrm{b}}$ 为形核速率常数，是温度的常数；Δc 为过饱和度；M_{t} 为晶体的悬浮密度（$\mathrm{kg/m^3}$）；N 为搅拌桨转速（r/s）；h、n、m 均为操作条件的函数。

综上所述，搅拌能加速扩散，提高晶体的生长速率，但超过一定范围后，二次形核速率加快，效果会明显降低。在本实验条件下，当搅拌速率为 50r/min 时，熔体的混合对流促进了溶质的扩散，有利于基元扩散到晶核表面，促进了晶体的结晶。当搅拌速率为 100r/min 时，强烈的流体运动会使大颗粒的尖晶石晶体发生破碎，促进二次形核，阻碍了尖晶石生长，导致尖晶石尺寸细小。因此，搅拌速率过高会表现出晶体数密度增大和晶体生长受抑制的效果。

7.4 尖晶石生长机制

从以上分析可知，搅拌速率对尖晶石结晶行为有明显的影响。为进一步分析搅拌速率对晶体生长机理的影响，采用 CSD 理论对晶体生长机制进行分析，具体分析方法如 6.6 节所示。晶体生长机制及其特征如表 7.4 所示。各搅拌速率下 β^2 和 α 的关系如图 7.5 所示。从图 7.5 中可以得出，当未加入搅拌时，β^2 随着 α 增加而减小，此时晶体的生长机制为扩散控制的奥斯特瓦尔德熟化过程；当搅拌速率为 50r/min 时，β^2 随着 α 增加呈线性增加，此时晶体的生长机制为界面反应控制的形核速率降低。50r/min 的搅拌速率强化了熔体的对流及溶质的扩散和传输，有利于熔体中的基元扩散到晶核表面，促进了尖晶石的生长，从而增大了尖晶石尺寸。当搅拌速率为 100r/min 时，β^2 随着 α 增加呈指数增加，此时晶体的生长机制为形核速率恒定或增加的结晶过程。因此，强烈搅拌产生的熔体混合对流速度过快，加速了尖晶石晶体的破碎，影响了尖晶石晶体的长大。这也解释了搅拌作用下尖晶石尺寸和数密度的变化行为。

表 7.4　晶体生长机制及其特征

参数	搅拌速率为 0r/min					搅拌速率为 50r/min				搅拌速率为 100r/min			
	0min	15min	30min	45min	60min	15min	30min	45min	60min	15min	30min	45min	60min
α	2.00	2.05	2.08	2.12	2.13	2.26	2.34	2.42	2.46	1.97	1.92	1.90	1.95
β^2	0.129	0.115	0.107	0.101	0.098	0.138	0.146	0.151	0.155	0.107	0.092	0.085	0.076

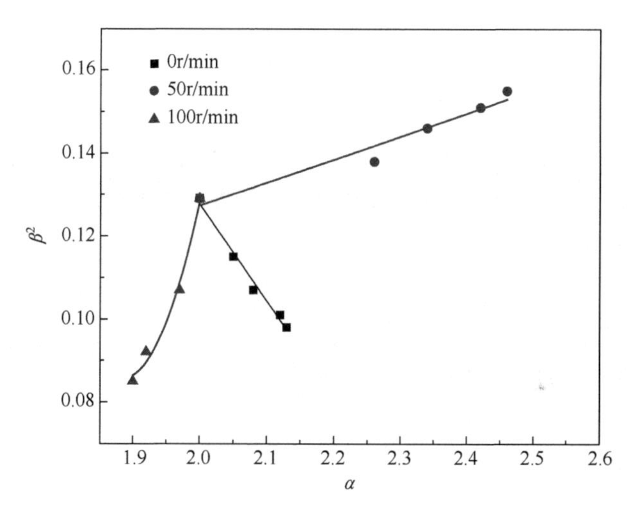

图 7.5　不同搅拌速率下 α 和 β^2 的关系

7.5　尖晶石分形特征

微颗粒的形状和粒度是描述颗粒几何特征的主要参数。分形维数能表征具有自相似的几何形状，是描述几何形状复杂性的参数[7, 8]。对颗粒的边界进行定量表征是颗粒微观形貌研究的基础，从大量 SEM 图片可以看出，尖晶石相边界复杂、表面粗糙，具有相当精细的结构，各种颗粒形状具有明显的自相似性。传统欧氏空间的拓扑维数已无法对其进行描述，于是研究者利用分形维数来描述复杂的尖晶石形貌。

张佑林等[9]、曾凡桂和王祖讷[10]认为轮廓分形维数与颗粒的规则度具有很好的相关性。颗粒的表面越光滑，其投影轮廓线的凹凸越少，轮廓分形维数越小，并趋近 1，其规则度越大。因此，利用分形理论分析晶体的几何形状涉及对颗粒的投影图像进行分析，表征晶体的结晶规则性，定性判断搅拌作用对尖晶石结晶效果的影响，进而推测尖晶石的结构稳定性。

在轮廓分形维数计算过程中，首先假定晶体为规则的圆形或正方形，这时可用以下公式表征周长与面积的关系[11]。

假设圆的半径为 R，其周长 L 为 $2\pi R$，面积 A 为 πR^2。二者的关系为

$$(L)^{1/1} \propto 2\pi^{1/2}(A)^{1/2} \tag{7.5}$$

假设正方形的边长为 a，其周长 L 为 $4a$，面积 A 为 a^2。二者的关系为

$$(L)^{1/1} \propto 4(A)^{1/2} \tag{7.6}$$

由式（7.5）和式（7.6）可以看出，标准图形的周长和面积的关系为

$$(L)^{1/1} \propto (A)^{1/2} \tag{7.7}$$

由规则图形的面积和周长关系推导出不规则图形的周长和面积的关系：

$$(L)^{1/D_L} \propto (A)^{1/2} \tag{7.8}$$

对于一个不规则的微颗粒，当其重心处于最稳定状态时，随着测量显微镜（如 SEM）分辨率的提高，其精细结构不断被明确，测定该颗粒在合适放大倍数条件下投影轮廓周长 L 和由该投影轮廓所封闭的面积（简称投影面积）A，二者的关系为

$$(1/D_L)\lg L = k_0 + (1/2)\lg A \tag{7.9}$$

$$\lg L = (D_L/2)\lg A + k \tag{7.10}$$

式中，k_0 与 k 为正常数。

取投影轮廓周长 L 与投影面积 A 的双对数值，绘图并拟合曲线，直线斜率为 $D_L/2$，设直线斜率为 k，有

$$\frac{D_L}{2} = k \tag{7.11}$$

通过以上方式得出颗粒物的轮廓分形维数 D_L。

采用 Image-Pro Plus6.0 图像分析软件统计各观测区域内颗粒投影轮廓周长和面积，并通过式（7.10）进行拟合，结果如图 7.6 所示。从图 7.6 中可以看出，尖晶石的轮廓分形维数偏离 1，这说明析出的尖晶石晶体呈现一定的不规则性。在未加入搅拌时，尖晶石的轮廓分形维数为 1.130，相较于规则形状，轮廓分形维数增大了 13%。当搅拌速率为 50r/min 时，尖晶石的轮廓分形维数大于规则形状的百分数下降至 9.6%，这说明搅拌速率为 50r/min 有助于提高不锈钢渣中尖晶石的结晶规则性。但当搅拌速率提高到 100r/min 时，尖晶石的轮廓分形维数超过静态改质结果，这说明过高的搅拌速率会破坏尖晶石晶体，降低尖晶石的规则度。综合以上分析可知，搅拌速率为 50r/min 不仅能促进尖晶石相生长，而且能提高尖晶石晶体的规则度。

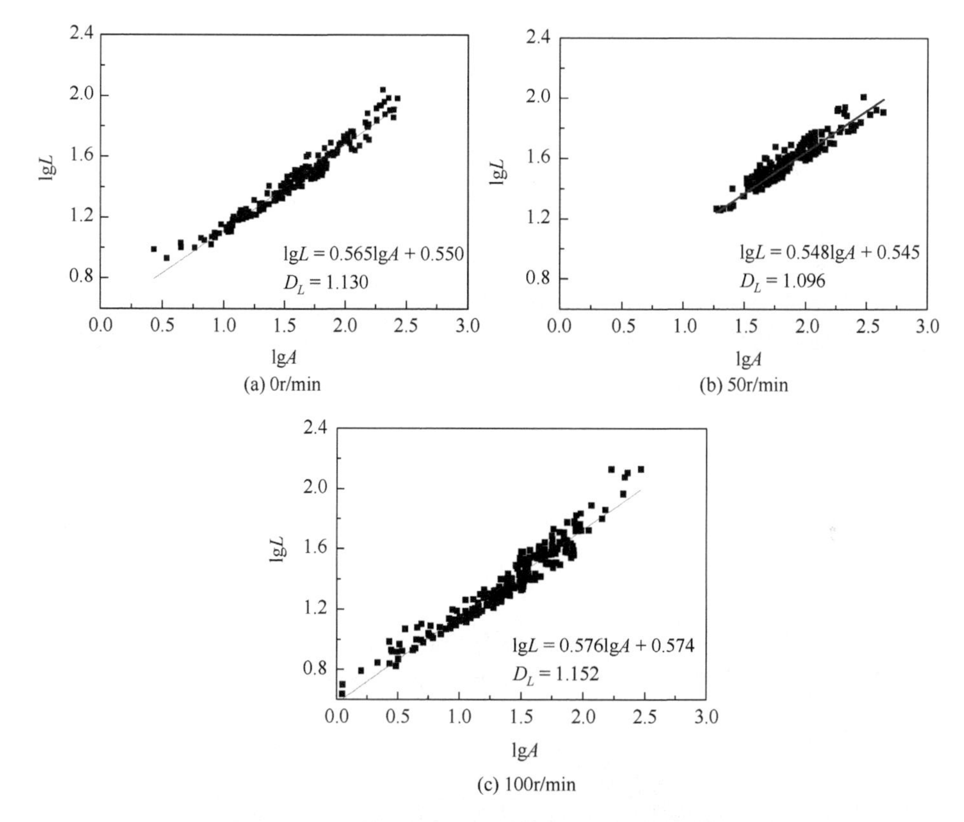

图 7.6　不同搅拌速率下尖晶石轮廓分形维数

7.6　尖晶石聚集行为

分形维数作为表征分形体系特征的参量，根据其描述对象的不同具有不同定义。对于颗粒物，通常用式（7.12）进行描述：

$$M = d^{D_{\mathrm{f}}} \tag{7.12}$$

式中，M 为絮凝体的质量；d 为絮凝体的特征长度；D_{f}为分形维数。当把分形理论引入混凝过程研究时，分形维数反映的是絮凝体的结构及其密实程度。

Meakin[12]认为若不考虑絮凝体的破碎，常规的混凝过程是由许多初始颗粒通过线性随机运动而叠加形成小集团的过程，这些小集团继续碰撞形成了较大的集团，这样一步一步地聚集成长为絮凝体。这一过程决定了絮凝体在一定范围内具有自相似性和标度不变性的特征，这也正是分形理论的两个重要特征。因此，絮凝体的形成过程具有分形的特点。当絮凝效果好时，絮凝体的分形维数偏大；反之，当絮凝效果差时，絮凝体的分形维数偏小。此外，还可以通过分形维数来描述和分析絮凝体的形成与生长，也可以通过分形维数来表征絮凝体的一些特征参数。

陆谢娟等[13]、李冬梅等[14]认为絮凝体分形维数越小，其结构越松散；反之，絮凝体分形维数越大，其结构越密实，从而聚集程度越高。本节采用分形维数 D_f 来描述尖晶石的聚集行为。

在计算二维分形维数时采用图像解析法[15]，即利用絮凝体的投影面积与其最大长度的函数关系来计算絮凝体的二维分形维数。絮凝体的投影面积与最大长度的函数关系为

$$A = \alpha_p L_{max}^{D_f} \tag{7.13}$$

式中，A 为絮凝体的投影面积；L_{max} 为絮凝体投影的最大长度；α_p 为比例常数；D_f 为絮凝体的二维分形维数。对式（7.13）的两边同时取对数，则有

$$\ln A = D_f \ln L_{max} + \ln \alpha_p \tag{7.14}$$

由式（7.14）可知，只需测出絮凝体的投影面积 A 和其投影的最大长度 L_{max}，然后在双对数坐标上作图，所得到的直线的斜率即絮凝体的二维分形维数 D_f。

图 7.7 为不同搅拌速率下尖晶石聚集体的分形维数。从图 7.7 中可以看出，在

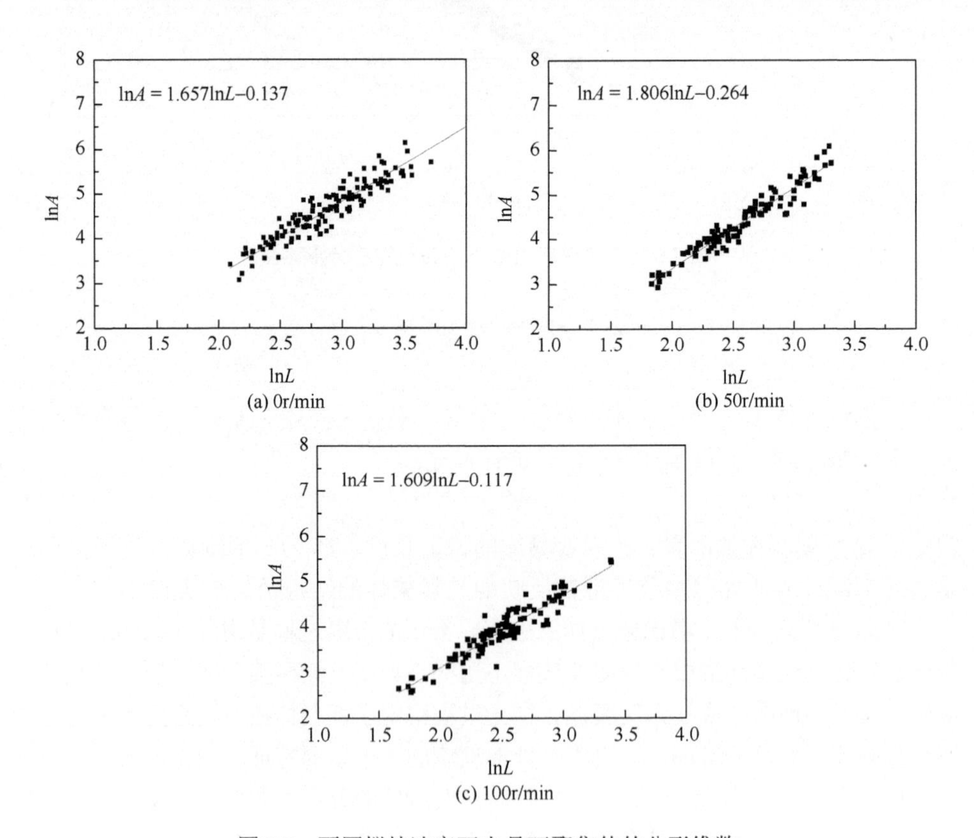

图 7.7　不同搅拌速率下尖晶石聚集体的分形维数

静态条件下，尖晶石聚集体的分形维数为 1.657；当搅拌速率提高到 50r/min 时，分形维数增大到 1.806。这表明不锈钢渣中尖晶石晶体在搅拌作用下发生明显的聚集。但搅拌速率过高将会使尖晶石晶体的聚集程度明显降低。

一般认为，在溶液或熔体搅拌过程中，颗粒物之间的碰撞与吸附等相互作用会对熔体中颗粒物的聚集产生重要影响[16, 17]。悬浮颗粒在搅拌过程中会同时产生凝聚和破碎，当搅拌速率较低时，溶液中的颗粒会产生凝聚作用；当搅拌速率较高时，团聚体破碎，并最终影响颗粒尺寸[18]。

搅拌过程中流体的运动行为对溶液/熔体中颗粒的凝聚有重要的影响，颗粒的凝聚是由颗粒的碰撞与吸附产生的，而机械破碎主要来源于湍流剪切应力的作用。晶体的凝聚速率和破碎速率均取决于平均能量耗散速率 ε，可表示为

$$\varepsilon = \frac{N_{\mathrm{p}} n^3 D_{\mathrm{a}}^5 \rho}{g_{\mathrm{c}} m} \tag{7.15}$$

$$r_{\mathrm{agg}} \propto \varepsilon^{1/2} \tag{7.16}$$

$$r_{\mathrm{break}} \propto \varepsilon \tag{7.17}$$

式中，n 为搅拌速率（r/s）；D_{a} 为叶轮直径（m）；ρ 为悬浮物的密度（$\mathrm{kg/m^3}$）；m 为反应器中悬浮物的质量（kg）；g_{c} 为重力加速度（$\mathrm{m/s^2}$）；N_{p} 为功率准数，与雷诺数有关[19]。

基于科尔莫戈罗夫（Kolmogorov）理论，引入 Kolmogorov 湍流旋涡长度 λ_{k} 和湍流剪切应力 τ。在足够高的雷诺数下，湍流处于统计平衡状态，旋涡长度 λ_{k} 可用式（7.18）计算：

$$\lambda_{\mathrm{k}} = \left(\frac{\nu^3}{\varepsilon}\right)^{1/2} \tag{7.18}$$

式中，ν 为运动黏度（$\mathrm{m^2/s}$），其大小为 μ/ρ，μ 为动力黏度（Pa·s）。

当流体中悬浮的溶质颗粒尺寸小于湍流旋涡长度时，颗粒会在旋涡内相互作用，通过碰撞与吸附促进颗粒的聚集。相反，当溶质颗粒尺寸大于湍流旋涡长度时，颗粒的相互作用会发生在涡流的外侧，导致溶质颗粒受到搅拌的作用强度减弱。从式（7.18）中可以看出，搅拌速率越高，湍流旋涡长度越小。因此，需要控制合适的搅拌速率才能促进颗粒的凝聚长大。从结果可知，在本实验条件下，搅拌速率低于 50r/min 有利于尖晶石晶体的聚集。

结合第 6 章的研究结果可知，尖晶石在熔渣降温过程中生长趋势明显，通过控制合理的冷却制度能得到大尺寸尖晶石。因此，在恒温搅拌实验的基础上，继续进行降温处理。图 7.8 为无搅拌和搅拌速率为 50r/min 作用后试样降温过程的 SEM 图片。从图 7.8 中可以看出，相对于无搅拌试样，施加搅拌速率为 50r/min 的作用时，降温过程尖晶石尺寸明显增大，数密度显著减小。

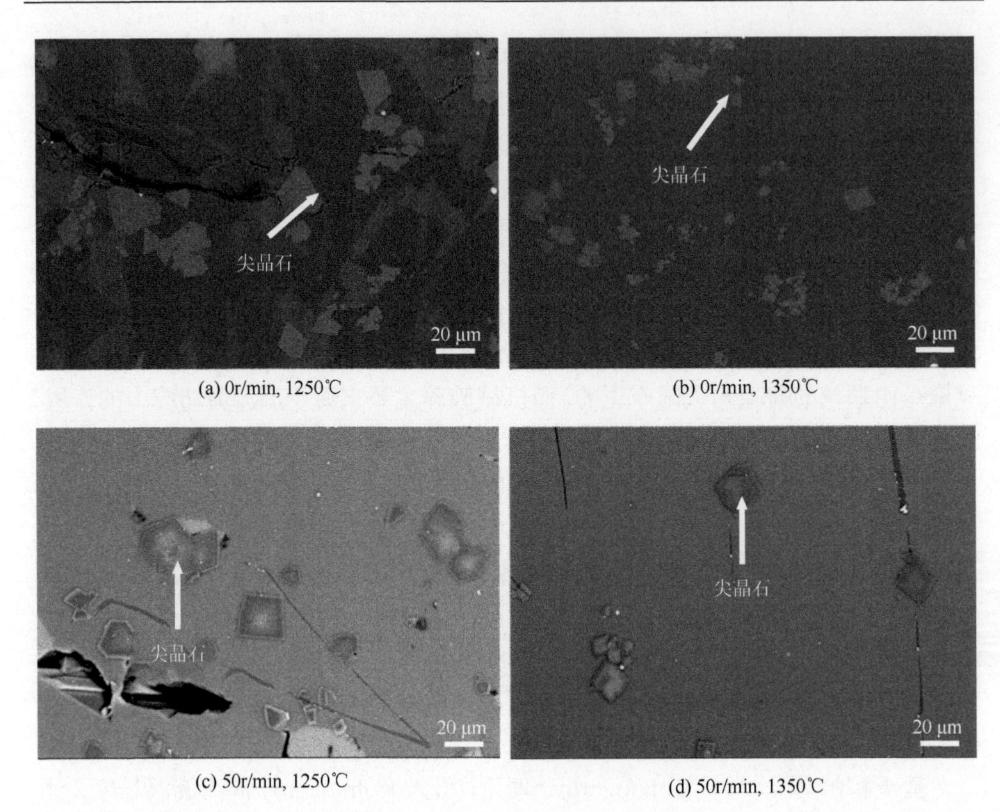

图 7.8　无搅拌和搅拌速率为 50r/min 作用后试样降温过程的 SEM 图片

图 7.9 为无搅拌和搅拌速率为 50r/min 作用后尖晶石平均粒径的变化趋势。从图 7.9 中可以看出，施加搅拌作用后，尖晶石平均粒径明显增大。在 1350℃时，

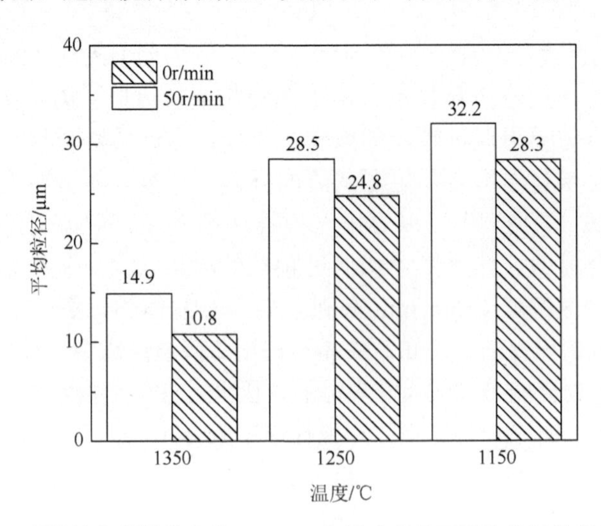

图 7.9　无搅拌和搅拌速率为 50r/min 作用后尖晶石平均粒径的变化趋势

无搅拌作用下尖晶石平均粒径仅为10.8μm，施加搅拌速率为50r/min的作用后，尖晶石平均粒径达到14.9μm。当温度降低至1150℃时，施加搅拌速率为50r/min的作用后，尖晶石平均粒径接近32.2μm。综上考虑各项指标，不锈钢渣处理过程中宜施加一定强度的搅拌作用。

7.7 本章小结

本章主要研究了搅拌作用下尖晶石的结晶规律、生长机制、分形特征和聚集行为。在本实验条件下，得到如下结论。

（1）1500℃恒温过程中，搅拌对尖晶石生长有明显的影响。在未加搅拌作用时，尖晶石尺寸随恒温时间延长缓慢增大。适宜强度的搅拌作用促进了尖晶石的生长，但搅拌速率过高，尖晶石的生长受到抑制。

（2）尖晶石的数密度和分形特征随着搅拌速率的变化而改变。1500℃恒温过程中，当搅拌速率为50r/min时，尖晶石数密度减小，尖晶石晶体的规则度提高；当搅拌速率为100r/min时，尖晶石数密度呈先增大后减小的趋势，尖晶石晶体的规则度下降。

（3）静态条件下，晶体的生长机制为扩散控制的奥斯特瓦尔德熟化；当搅拌速率为50r/min时，晶体的生长机制转变为界面反应控制的生长过程；当搅拌速率提高到100r/min时，晶体的生长机制为形核速率不变或增加的形核和结晶过程。

参考文献

[1] Arai S. Possible recycled origin for ultrahigh-pressure chromitites in ophiolites[J]. Journal of Mineralogical and Petrological Sciences，2010，105（5）：280-285.

[2] Weertman J. General theory of water flow at the base of a glacier or ice sheet[J]. Reviews of Geophysics，1972，10（1）：287-333.

[3] King D S H，Zimmerman M E，Kohlstedt D L. Stress-driven melt segregation in partially molten olivine-rich rocks deformed in torsion[J]. Journal of Petrology，2010，51（1/2）：21-42.

[4] 王恒升，白文吉，王炳熙，等. 中国铬铁矿床及成因[M]. 北京：科学出版社，1983.

[5] 严希康. 生物物质分离工程[M]. 2版. 北京：化学工业出版社，2010.

[6] 叶铁林. 化工结晶过程原理及应用[M]. 北京：北京工业大学出版社，2006.

[7] Kaye B H. Specification of the ruggedness and/or texture of a fine particle profile by its fractal dimension[J]. Powder Technology，1978，21（1）：1-16.

[8] 傅鸣珂. 小型矿山开发管理概论[M]. 北京：地质出版社，1997.

[9] 张佑林，夏家华，黎国华，等. 粉体颗粒的形状与分维[J]. 武汉工业大学学报，1996，18（4）：53-56.

[10] 曾凡桂，王祖讷. 煤粉碎过程中颗粒形状的分形特征[J]. 煤炭转化，1999，22（1）：27-30.

[11] 吴超，李明. 微颗粒黏附与清除[M]. 北京：冶金工业出版社，2014.

[12] Meakin P. Fractal aggregates[J]. Advances in Colloid and Interface Science，1987，28（4）：249-331.

[13] 陆谢娟，李孟，唐友尧. 絮凝过程中絮体分形及其分形维数的测定[J]. 华中科技大学学报（城市科学版），2003，20（3）：46-49.

[14] 李冬梅，施周，梅胜，等. 絮凝条件对絮体分形结构的影响[J]. 环境科学，2006，27（3）：3488-3492.

[15] Bushell G C，Yan Y D，Woodfield D，et al. On techniques for the measurement of the mass fractal dimension of aggregates[J]. Advances in Colloid and Interface Science，2002，95（1）：1-50.

[16] Abbasi E，Alamdari A. Mixing effects on particle size distribution in semi-batch reactive crystallization of maneb[J]. Journal of Chemical Engineering of Japan，2007，40（8）：636-644.

[17] Sathyamoorthy S，Hounslow M J，Moggridge G D. Influence of stirrer speed on the precipitation of anatase particles from titanyl sulphate solution[J]. Journal of Crystal Growth，2001，223（1-2）：225-234.

[18] Sung M H，Choi I S，Kim J S，et al. Agglomeration of yttrium oxalate particles produced by reaction precipitation in semi-batch reactor[J]. Chemical Engineering Science，2000，55（12）：2173-2184.

[19] Metzner A B，Feehs R H，Ramos H L，et al. Agitation of viscous Newtonian and non-Newtonian fluids[J]. AIChE Journal，1961，7（1）：3-9.